上海市工程建设规范

装配式部分包覆钢-混凝土组合结构技术标准

Technical standard of fabricated partially-encased composite structures of steel and concrete

DG/TJ 08—2421—2023
J 16932—2023

主编单位:华东建筑设计研究院有限公司
同济大学
浙江绿筑集成科技有限公司
批准部门:上海市住房和城乡建设管理委员会
施行日期:2023 年 8 月 1 日

U0172295

同济大学出版社

2024 上海

图书在版编目(CIP)数据

装配式部分包覆钢-混凝土组合结构技术标准 / 华东建筑设计研究院有限公司，同济大学，浙江绿筑集成科技有限公司主编. —上海：同济大学出版社，2024.1

ISBN 978-7-5765-1022-5

Ⅰ. ①装… Ⅱ. ①华… ②同… ③浙… Ⅲ. ①装配式混凝土结构—技术标准—上海 Ⅳ. ①TU37-65

中国国家版本馆 CIP 数据核字(2024)第 003137 号

装配式部分包覆钢-混凝土组合结构技术标准

华东建筑设计研究院有限公司
同济大学　　主编
浙江绿筑集成科技有限公司

责任编辑　朱　勇
责任校对　徐春莲
封面设计　陈益平

出版发行　同济大学出版社　　www.tongjipress.com.cn
（地址：上海市四平路 1239 号　邮编：200092　电话：021－65985622）
经　　销　全国各地新华书店
印　　刷　浦江求真印务有限公司
开　　本　889mm×1194mm　1/32
印　　张　6.75
字　　数　169 000
版　　次　2024 年 1 月第 1 版
印　　次　2024 年 1 月第 1 次印刷
书　　号　ISBN 978-7-5765-1022-5
定　　价　70.00 元

本书若有印装质量问题，请向本社发行部调换　　版权所有　侵权必究

上海市住房和城乡建设管理委员会文件

沪建标定〔2023〕118 号

上海市住房和城乡建设管理委员会关于批准《装配式部分包覆钢-混凝土组合结构技术标准》为上海市工程建设规范的通知

各有关单位：

由华东建筑设计研究院有限公司、同济大学、浙江绿筑集成科技有限公司主编的《装配式部分包覆钢-混凝土组合结构技术标准》，经我委审核，现批准为上海市工程建设规范，统一编号为DG/TJ 08—2421—2023，自 2023 年 8 月 1 日起实施。

本标准由上海市住房和城乡建设管理委员会负责管理，华东建筑设计研究院有限公司负责解释。

上海市住房和城乡建设管理委员会

2023 年 3 月 8 日

前　言

根据上海市住房和城乡建设管理委员会《关于印发〈2020年上海市工程建设规范、建筑标准设计编制计划〉的通知》(沪建标定〔2019〕752号)的要求，标准编制组经广泛调查和试验研究，总结工程实践经验，参考国内外相关标准和规范，并在广泛征求意见的基础上，编制了本标准。

本标准的主要内容有：总则；术语和符号；材料；建筑、设备与管线系统；结构设计；构件设计；结构节点设计；楼盖结构设计；围护系统设计；结构防火与防腐；制作安装；施工质量验收；运营维护。

各单位及相关人员在本标准执行过程中，请注意总结经验，积累资料，并将有关意见和建议反馈至上海市住房和城乡建设管理委员会(地址：上海市大沽路100号；邮编：200003；E-mail：shjsbzgl@163.com)，华东建筑设计研究院有限公司(地址：上海市石门二路258号；邮编：200041；E-mail：kczx@arcplus.com.cn)，上海市建筑建材业市场管理总站(地址：上海市小木桥路683号；邮编：200032；E-mail：shgcbz@163.com)，以供今后修订时参考。

主 编 单 位：华东建筑设计研究院有限公司
同济大学
浙江绿筑集成科技有限公司

参 编 单 位：上海杉达学院
南京工业大学
同济大学建筑设计研究院(集团)有限公司
上海建筑设计研究院有限公司
上海宝冶集团有限公司

上海建工一建集团有限公司
上海建工五建集团有限公司
宝山钢铁股份有限公司
浙江工业大学工程设计集团有限公司
浙江大学建筑设计研究院有限公司
上海装配式建筑技术集成工程技术研究中心
上海交通大学
郑州大学

主要起草人：陈以一　王平山　徐国军　李　杰　李亚明
夏　冰　胡夏闽　王美华　崔家春　李进军
蒋首超　蒋　路　徐自然　陈桥生　单玉川
肖志斌　吴宏磊　周　勇　白　杨　常康辉
贾水钟　章雪峰　刘宏欣　杜　浩　岳　峰
王抒弦　陈　卓　赵　阳　李瑞锋　朱　刚
程美涛　楚留声　赵必大　陈雪英　韩亚明
孙叶根

主要审查人：杨联萍　丁洁民　吴欣之　章迎尔　李伟兴
许清风　郑七振

上海市建筑建材业市场管理总站

目　次

Contents

1 总 则

1.0.1 为规范装配式部分包覆钢-混凝土组合结构设计、制作、施工、验收与运营维护的技术要求，做到安全适用、技术先进、经济合理、确保质量，制定本标准。

1.0.2 本标准适用于本市工业与民用建筑装配式部分包覆钢-混凝土组合结构的设计、制作、施工、验收与运营维护。

1.0.3 装配式部分包覆钢-混凝土组合结构的设计、制作、施工、验收与运营维护，除应符合本标准外，尚应符合国家、行业和本市现行有关标准的规定。

2 术语和符号

2.1 术 语

2.1.1 装配式部分包覆钢-混凝土组合结构 fabricated partially-encased composite structures of steel and concrete

全部或部分采用工厂预制的部分包覆钢-混凝土组合构件，通过可靠连接形成整体的结构，简称 PEC 结构。

2.1.2 部分包覆钢-混凝土组合构件 partially-encased composite members of steel and concrete

开口截面主钢件外周轮廓间包覆混凝土，且混凝土与主钢件共同受力的结构构件，简称 PEC 构件。

2.1.3 部分包覆钢-混凝土组合梁 partially-encased composite beams of steel and concrete

主要承受弯矩或弯矩-剪力的部分包覆钢-混凝土组合构件（简称 PEC 梁），包括无受压翼板的部分包覆钢-混凝土组合梁（简称矩形 PEC 梁）和有翼板的部分包覆钢-混凝土组合梁（简称 T 形 PEC 梁）。

2.1.4 部分包覆钢-混凝土组合柱 partially-encased composite columns of steel and concrete

主要承受轴力或轴力-弯矩的部分包覆钢-混凝土组合构件（简称 PEC 柱），包括部分包覆钢-混凝土组合框架柱和两端铰接柱。

2.1.5 部分包覆钢-混凝土组合支撑 partially-encased composite bracings of steel and concrete

承受轴力的部分包覆钢-混凝土组合斜杆（简称 PEC 支撑），

与框架结构协同抵抗侧向力。

2.1.6 部分包覆钢-混凝土组合框架 partially-encased composite frames of steel and concrete

由部分包覆钢-混凝土组合柱和部分包覆钢-混凝土组合梁组成的框架，简称 PEC 框架。

2.1.7 主钢件 main steel component

部分包覆钢-混凝土组合构件中的承载结构钢，由单个或若干个 H 形或工字形钢组成，包括采用型钢或钢板焊接截面。

2.1.8 连杆 link

焊接于主钢件两翼缘间的连接钢筋、圆钢或扁钢。

2.1.9 厚实型截面 compact section

无须设置连杆即能满足塑性承载能力要求的 H 形主钢件截面。

2.1.10 薄柔型截面 non-compact section

设置连杆方能满足塑性承载能力要求的 H 形主钢件截面。

2.2 符 号

2.2.1 材料性能

E_a——钢材弹性模量；

E_c——混凝土弹性模量；

E_s——钢筋弹性模量；

EA——部分包覆钢-混凝土组合构件截面轴向刚度；

E_{EQ}——组合截面当量弹性模量；

EI——部分包覆钢-混凝土组合构件截面抗弯刚度；

$(EI)_e$——轴心受压构件等效截面抗弯刚度；

f_a——钢材抗拉强度设计值；

f'_a——钢材抗压强度设计值；

f_{ay}——钢材屈服强度；

f_{au}——钢材极限抗拉强度；

f_{av}——钢材抗剪强度设计值；

f_{EQ}——组合截面当量强度；

f_{ae}——折减后的主钢件腹板钢材抗压、抗拉强度设计值；

f_{at}——圆柱头栓钉极限抗拉强度设计值；

f_{r1v}——竖向加劲肋钢材抗剪强度设计值；

f_y——钢筋抗拉强度设计值；

f'_y——钢筋抗压强度设计值；

f_{yv}——箍筋或横向钢筋抗拉强度设计值；

f_c——混凝土轴心抗压强度设计值；

f_{ck}——混凝土轴心抗压强度标准值；

f_t——混凝土轴心抗拉强度设计值；

f_{tk}——混凝土轴心抗拉强度标准值；

f_{cw}——梁主钢件腹部混凝土轴心抗压强度设计值；

G_a——钢材剪切模量；

G_c——混凝土剪切模量；

GA——部分包覆钢-混凝土组合构件截面剪切刚度。

2.2.2 作用效应和承载力

M——正弯矩设计值；

M'——负弯矩设计值；

M_j——主次梁连接的弯矩设计值；

M_q——按荷载准永久组合计算的弯矩值；

M_u——截面受弯承载力设计值；

M_{cr}——梁正截面开裂弯矩；

$M_{u,r}$——部分抗剪连接时组合梁正截面受弯承载力；

N——轴力设计值；

N_{Ex}，N_{Ey}——轴心受压构件绕 x 轴和 y 轴的弹性稳定临界力；

N_{m}——特征轴力；

N_{u}——截面轴压承载力设计值；

$N_{a,y}$，$N_{an,u}$——轴心受拉构件毛截面屈服承载力设计值、净截面断裂承载力设计值；

N_{v}^{c}——单个抗剪连接件的纵向抗剪承载力设计值；

R——结构构件的抗力设计值；

S——承载能力极限状态下作用组合的效应设计值；

V_{x}，V_{y}——沿 x 轴方向、y 轴方向的剪力设计值；

V_{u}——主钢件受剪承载力设计值；

V_{ux}，V_{uy}——截面上沿 x 轴方向、y 轴方向的主钢件受剪承载力设计值；

V_{b}，V_{c}，V_{j}——梁(框架梁)、柱及节点剪力设计值；

V_{ju}——节点受剪承载力设计值；

V_{s}——每个剪跨区段内梁主钢件与混凝土翼板交界面的纵向剪力；

σ_{sa}——计入梁主钢件受拉翼缘与部分腹板及受拉钢筋的等效钢筋应力值；

σ_{sq}——开裂截面纵向受拉钢筋应力；

ω_{max}——最大裂缝宽度。

2.2.3 几何参数

A_{a}——主钢件截面(毛截面)面积；

A_{ac}——梁主钢件受压区截面面积；

A_{af}，A'_{af}，A_{aw}——主钢件受拉(或一个)翼缘截面面积、受压翼缘截面面积、腹板截面面积；

A_{an}——柱主钢件的净截面面积；

A_{s}——纵向受拉钢筋截面面积；

A'_{s}——纵向受压钢筋截面面积，负弯矩区混凝土翼板有效宽度范围内的纵向钢筋截面面积；

A_{st}——圆柱头栓钉钉杆截面面积；

A_c——混凝土截面面积；

A_{cf}——混凝土翼板截面面积；

A_{cw}——梁主钢件腹部混凝土受压截面面积；

a_s——受拉区钢筋合力点至混凝土受拉边缘的距离；

a'_s——受压区钢筋合力点至混凝土受压边缘的距离；

b_0——翼缘外伸部分宽度，或板托顶部宽度；

b_c——混凝土外轮廓宽度；

b_e——混凝土翼板的有效宽度；

b_f——主钢件翼缘宽度；

c_s——纵向受拉钢筋的混凝土保护层厚度；

d_c——梁主钢件截面形心到混凝土翼板截面形心的距离；

d_e——计入主钢件受拉翼缘与部分腹板及受拉钢筋的有效直径；

h——T形组合梁截面总高度；

h_0——腹板计算高度，混凝土截面有效高度；

h_{0s}——纵向受拉钢筋截面重心至混凝土截面受压边缘的距离；

h_{0f}——主钢件受拉翼缘截面重心至混凝土截面受压边缘的距离；

h_{0w}——主钢件受拉腹板截面重心至混凝土截面受压边缘的距离；

h_a——主钢件截面高度；

h_w——主钢件腹板高度；

h_c——T形PEC梁混凝土翼板厚度；

i——组合截面回转半径；

s_a——沿构件长度方向上连杆的间距；

t_f——主钢件受拉翼缘厚度，拉、压翼缘等厚时的受压翼缘厚度；

t'_f——主钢件受压翼缘厚度；

t_w——主钢件或槽钢连接件腹板厚度；

I_a——主钢件截面的惯性矩；

I_c——混凝土截面的惯性矩；

I_{cf}——混凝土翼板截面的惯性矩；

I_{cr}——部分包覆钢-混凝土组合梁开裂截面的换算截面惯性矩；

I_{eq}——部分包覆钢-混凝土组合梁截面的等效惯性矩；

I_s——钢筋截面的惯性矩；

I_{ucr}——部分包覆钢-混凝土组合梁未开裂截面的换算截面惯性矩；

l——部分包覆钢-混凝土组合梁的跨度；

l_0——构件计算跨度，轴心受压构件计算长度；

l_e——等效跨度；

S_{at}——受拉区梁主钢件截面对组合截面塑性中和轴的面积矩；

S_{ac}——受压区梁主钢件截面对组合截面塑性中和轴的面积矩；

x——混凝土受压区高度；

λ——构件长细比；

λ_n——构件正则化长细比。

2.2.4 计算系数及其他

B——计入混凝土翼板与主钢件之间滑移效应的折减刚度；

k——抗剪连接件的刚度系数；

n——轴压比；

α_1——受压区混凝土压应力影响系数；

α_E——钢材与混凝土弹性模量的比值；

β_{mx}，β_{my}——计算平面内稳定时，关于 x、y 轴的等效弯矩

系数；

β_{tx}，β_{ty}——计算平面外稳定时，关于 x、y 轴的等效弯矩系数；

γ_0——结构重要性系数；

γ_{RE}——承载力抗震调整系数；

δ——钢贡献率；

ε_k——钢号修正系数；

ζ——刚度折减系数；

ρ_{te}——计入梁主钢件受拉翼缘与部分腹板及受拉钢筋的有效配筋率；

φ——轴心受压构件的稳定系数；

ψ——计入梁主钢件翼缘作用的钢筋应变不均匀系数。

3 材 料

3.1 钢 材

3.1.1 钢材宜采用 Q235、Q355、Q390、Q420、Q460 和 Q345GJ 钢,其质量应分别符合现行国家标准《碳素结构钢》GB/T 700、《低合金高强度结构钢》GB/T 1591 及《建筑结构用钢板》GB/T 19879 的规定。结构用钢板、型材产品的规格、外形、重量及允许偏差应符合国家现行相关标准的规定。

3.1.2 承重结构所用的钢材应具有屈服强度、抗拉强度、断后伸长率和硫、磷含量的合格保证,对焊接结构尚应具有碳当量的合格保证。焊接承重结构以及重要的非焊接承重结构采用的钢材应具有冷弯试验的合格保证。

3.1.3 钢材的屈服强度、抗拉强度、强度设计值、弹性模量和剪切模量应符合现行国家标准《钢结构设计标准》GB 50017 的相关规定。

3.1.4 采用塑性设计的结构及进行弯矩调幅的构件、抗震设计中具有产生塑性铰要求的构件,所用的钢材应符合下列规定:

1 钢材的屈服强度实测值与抗拉强度实测值的比值不应大于 0.85。

2 钢材应有明显的屈服台阶,且伸长率不应小于 20%。

3 在罕遇地震作用下发生塑性变形的构件或节点部位的钢材,其屈服强度实测值与其标准值之比不应大于 1.35。

3.1.5 钢板厚度大于或等于 40 mm,且承受沿板厚方向拉力的焊接连接板件,该板件钢材宜具有厚度方向的抗撕裂性能,即 Z 向性能的合格保证,其沿板厚方向的断面收缩率不应小于现行国家标准《厚度方向性能钢板》GB/T 5313 规定的容许值。

3.1.6 组合楼板中压型钢板的材质和材料性能应符合现行国家标准《建筑用压型钢板》GB/T 12755 的有关规定，压型钢板的基板应选用热浸镀锌钢板，不宜选用镀铝锌板。镀锌层应符合现行国家标准《连续热镀锌和锌合金镀层钢板及钢带》GB/T 2518 的有关规定。

3.1.7 受力螺栓选用应符合现行国家标准《钢结构通用规范》GB 55006 和《钢结构设计标准》GB 50017 的有关规定。螺栓连接的强度指标、高强度螺栓的预拉力设计值以及高强度螺栓连接的钢材摩擦面抗滑移系数，应符合现行国家标准《钢结构设计标准》GB 50017 的有关规定。

3.1.8 圆柱头焊(栓)钉连接件的质量应符合现行国家标准《电弧螺柱焊用圆柱头焊钉》GB/T 10433 的有关规定。圆柱头焊(栓)钉的材料及力学性能应符合现行行业标准《组合结构设计规范》JGJ 138 的有关规定。

3.1.9 锚栓可采用现行国家标准《碳素结构钢》GB/T 700 中规定的 Q235 钢、《低合金高强度结构钢》GB/T 1591 中规定的 Q355、Q390 或强度更高的钢材，质量等级不宜低于 B 级。

3.1.10 焊接材料选用应符合现行国家标准《钢结构通用规范》GB 55006 和《钢结构设计标准》GB 50017 的有关规定。焊缝强度设计值应符合现行国家标准《钢结构设计标准》GB 50017 的有关规定。焊缝质量等级应符合现行国家标准《钢结构工程施工质量验收规范》GB 50205 的有关规定。

3.1.11 受力预埋件的锚板及锚筋材料应符合现行国家标准《混凝土结构设计规范》GB 50010 的有关规定。专用预埋件及吊件应符合国家现行有关标准的规定。

3.2 钢 筋

3.2.1 纵向受力钢筋、箍筋的选用以及钢筋的屈服强度标准值、极限强度标准值、抗拉强度设计值、抗压强度设计值及弹性模量取值，应符合现行国家标准《混凝土结构设计规范》GB 50010 的有关规定。

3.2.2 一、二、三级抗震等级的框架和斜撑构件的纵向受力普通钢筋应符合现行国家标准《混凝土结构设计规范》GB 50010 的有关规定。

3.3 混凝土

3.3.1 混凝土材料选用应符合现行国家标准《混凝土结构设计规范》GB 50010 的有关规定。梁、柱构件采用的混凝土强度等级不应低于 C30。组合楼板的混凝土强度等级不应低于 C30，混凝土的最大骨料直径不应大于 25 mm。

3.3.2 部分包覆钢-混凝土组合梁可采用轻骨料混凝土。轻骨料混凝土选用应符合现行行业标准《轻骨料混凝土应用技术标准》JGJ/T 12 的有关规定。轻骨料混凝土强度等级不宜低于 LC30。

3.3.3 混凝土及轻骨料混凝土的轴心抗压强度标准值及设计值、轴心抗拉强度标准值及设计值、弹性模量、剪切模量应符合现行国家标准《混凝土结构设计规范》GB 50010 和现行行业标准《轻骨料混凝土应用技术标准》JGJ/T 12 的有关规定。

3.3.4 PEC 柱的后浇区应采用自密实混凝土或水泥基灌浆材料，PEC 梁的后浇区宜采用自密实混凝土、水泥基灌浆材料或普通混凝土。自密实混凝土的配合比设计、施工、质量检验和验收应符合现行行业标准《自密实混凝土应用技术规程》JGJ/T 283 的有关规定。水泥基灌浆材料的选用及检验应符合现行国家标准《水泥基灌浆材料应用技术规范》GB/T 50448 有关规定。

3.3.5 PEC 柱、PEC 支撑的后浇区材料强度等级宜比相应主体构件混凝土强度等级提高一级，PEC 梁的后浇区材料强度等级不应低于相应主体构件混凝土强度等级。

3.3.6 当 PEC 柱、PEC 支撑和 PEC 梁的后浇区材料采用自密实混凝土或水泥基灌浆材料时，其类型宜按表 3.3.6-1 选择。

1 当采用自密实混凝土材料时，材料应具备一定的微膨胀性，材料的主要性能应满足表 3.3.6-2 中Ⅳ类材料的要求。

2 当采用水泥基灌浆材料时，材料的主要性能应满足表 3.3.6-2 的要求。

表 3.3.6-1 PEC 构件节点后浇区材料的选择

<table>
<tr><td rowspan="2">宽度(mm)</td><td colspan="2">深度(mm)</td></tr>
<tr><td>$d \leqslant 200$</td><td>$d > 200$</td></tr>
<tr><td>$b \leqslant 50$</td><td>Ⅰ类、Ⅱ类</td><td>Ⅰ类、Ⅱ类、Ⅲ类</td></tr>
<tr><td>$50 < b \leqslant 100$</td><td>Ⅰ类、Ⅱ类、Ⅲ类</td><td>Ⅰ类、Ⅱ类、Ⅲ类</td></tr>
<tr><td>$100 < b \leqslant 200$</td><td>Ⅰ类、Ⅱ类、Ⅲ类</td><td>Ⅳ类</td></tr>
<tr><td>$b > 200$</td><td>Ⅳ类</td><td>Ⅳ类</td></tr>
</table>

注：后浇区材料分为Ⅰ类、Ⅱ类、Ⅲ类、Ⅳ类四种类型，其中自密实混凝土(砂浆)为Ⅳ类，水泥基灌浆材料依据主要性能参数不同分为Ⅰ～Ⅳ类四种类型。

表 3.3.6-2 PEC 构件节点后浇材料的主要性能指标

<table>
<tr><td colspan="2">类别</td><td>Ⅰ类</td><td>Ⅱ类</td><td>Ⅲ类</td><td>Ⅳ类</td></tr>
<tr><td colspan="2">最大骨料粒径(mm)</td><td colspan="3">≤4.75</td><td>>4.75 且≤25</td></tr>
<tr><td rowspan="2">截锥流动度(mm)</td><td>初始值</td><td>—</td><td>≥340</td><td>≥290</td><td>≥650*</td></tr>
<tr><td>30 min</td><td>—</td><td>≥310</td><td>≥260</td><td>≥550*</td></tr>
<tr><td rowspan="2">流锥流动度(s)</td><td>初始值</td><td>≤35</td><td>—</td><td>—</td><td>—</td></tr>
<tr><td>30 min</td><td>≤50</td><td>—</td><td>—</td><td>—</td></tr>
<tr><td rowspan="2">竖向膨胀率(%)</td><td>3 h</td><td colspan="4">0.1～3.5</td></tr>
<tr><td>24 h 与 3 h 的膨胀值之差</td><td colspan="4">0.02～0.50</td></tr>
<tr><td rowspan="3">抗压强度(MPa)</td><td>1 d</td><td>≥15</td><td colspan="3">≥20</td></tr>
<tr><td>3 d</td><td>≥30</td><td colspan="3">≥40</td></tr>
<tr><td>28 d</td><td>≥50</td><td colspan="3">≥60</td></tr>
</table>

续表3.3.6-2

类别	Ⅰ类	Ⅱ类	Ⅲ类	Ⅳ类
氯离子含量(%)	<0.1			
泌水率(%)	0			

注：* 表示坍落扩展度数值。

3 用于冬期施工的 PEC 构件节点后浇区材料性能除应符合本标准表 3.3.6-2 的规定外，尚应符合表 3.3.6-3 的规定。

表 3.3.6-3 用于冬期施工时的 PEC 构件节点后浇区材料性能指标

规定温度(℃)	抗压强度比(%)		
	R-7	R-7+28	R-7+56
-5	≥20	≥80	≥90
-10	≥12		

注：R-7 表示负温养护 7 d 的试件抗压强度值与标准养护 28 d 的试件抗压强度值的比值；R-7+28、R-7+56 分别表示负温养护 7 d 转标准养护 28 d 和负温养护 7 d 转标准养护 56 d 的试件抗压强度值与标准养护 28 d 的试件抗压强度值的比值；施工时最低温度可比规定温度低 5℃。

4 建筑、设备与管线系统

4.1 建筑设计

4.1.1 建筑设计应满足建筑功能和性能要求，建筑的外围护体系、装修部品和设备管线宜采用装配化技术和产品。

4.1.2 建筑设计宜符合现行国家标准《建筑模数协调标准》GB/T 50002 的有关规定。

4.1.3 建筑的平面布置宜采用大开间，满足多样化的使用功能要求。

4.1.4 建筑的体形系数、窗墙面积比、围护结构的热工性能等应满足现行国家和上海市有关节能标准的要求。

4.1.5 建筑的围护性外墙、隔墙和室内装修材料宜采用工业化、标准化部品。

4.1.6 建筑防火设计应符合现行国家标准《建筑设计防火规范》GB 50016 的有关规定。

4.1.7 建筑防雷设计应符合现行国家标准《建筑物防雷设计规范》GB 50057 的有关规定。

4.2 设备与管线设计

4.2.1 设备与管线应进行综合设计，减少平面交叉；竖向管线宜集中布置，并应满足维修更换的要求。

4.2.2 竖向电气管道应进行统一设计，宜采用管道井方式集中设置，且竖向电气管线宜设置套管，并应保持安全间距。

4.2.3 水平电气管线宜结合地坪装修做法与楼板分离布置，确需暗敷时，宜埋设在楼板现浇层内。设备管线穿过楼板的部位，应预留孔洞或预埋套管。

4.2.4 建筑宜采取同层排水设计，并结合房间净高、楼板跨度、设备管线等因素确定排水方案。

4.3 协同设计

4.3.1 装配式部分包覆钢-混凝土组合结构建筑设计应采用建筑、结构、设备与管线、内装修等集成设计原则进行协同设计。

4.3.2 建筑设计应结合装配式部分包覆钢-混凝土组合结构体系的特点，并应符合下列规定：

1 建筑外墙围护系统宜同主体结构进行协同设计，明确对位关系，并保证构造设计的完整性。

2 建筑中的内隔墙宜同主体结构进行协同设计，确保连接构造设计的连续性和完整性。

4.3.3 设备管线在建筑中的预留预埋设计、开孔尺寸与定位应由结构专业同建筑专业、设备专业进行协同设计。

4.3.4 设备管线在楼板与部分包覆钢-混凝土组合结构构件中的预留预埋设计应协同考虑内隔墙构造设计，宜采用室内外墙体和装修一体设计方法。

4.3.5 采用龙骨类内隔墙时，宜采用管线装修一体化技术，在空腔内敷设管线和接线盒等。

4.3.6 预制楼板降板区域周边宜设置结构构件或可靠支撑，并与设备管线和建筑构造要求协同考虑。

5 结构设计

5.1 一般规定

5.1.1 本标准采用以概率理论为基础的极限状态设计方法，采用分项系数设计表达式进行计算。

5.1.2 承重结构应按承载能力极限状态和正常使用极限状态进行设计。

5.1.3 结构的安全等级和设计工作年限应符合现行国家标准《工程结构通用规范》GB 55001、《工程结构可靠性设计统一标准》GB 50153 和《建筑结构可靠性设计统一标准》GB 50068 的有关规定。

5.1.4 按承载能力极限状态进行设计时，应采用作用的基本组合，必要时尚应采用作用的偶然组合，对于地震设计状况应采用作用的地震组合。按正常使用极限状态进行设计时，应采用作用的标准组合，对组合梁尚应采用作用的准永久组合。

5.1.5 荷载的标准值、分项系数、组合值系数等应符合现行国家标准《工程结构通用规范》GB 55001、《建筑结构可靠性设计统一标准》GB 50068 和《建筑结构荷载规范》GB 50009 的有关规定。

5.1.6 结构构件、连接及节点应采用下列承载能力极限状态设计表达式：

1 持久设计状况、短暂设计状况：

$$\gamma_0 S \leqslant R \tag{5.1.6-1}$$

2 地震设计状况：

$$S \leqslant R/\gamma_{RE} \tag{5.1.6-2}$$

式中：γ_0——结构重要性系数，安全等级为一级时不应小于1.1，安全等级为二级时不应小于1.0，安全等级为三级时不应小于0.9；

S——作用组合的效应设计值，承载能力极限状况下应符合第5.1.4条的规定；

R——抗力设计值；

γ_{RE}——承载力抗震调整系数，按表5.1.6采用，其他情况按现行国家标准《建筑抗震设计规范》GB 50011的有关规定取值。

表5.1.6　承载力抗震调整系数

构件类型	梁		柱及支撑						核心区
受力特征	受弯	受剪	偏压		轴压	轴拉	受剪	稳定	抗剪
			$n<0.15$	$n\geq0.15$					
γ_{RE}	0.75	0.75	0.75	0.80	0.80	0.75	0.75	0.80	0.80

注：n为轴压比，应符合本标准第6.4.10条的规定。

5.1.7　在竖向荷载、风荷载以及多遇地震作用下，部分包覆钢-混凝土组合结构的内力和变形可采用弹性方法计算；罕遇地震作用下的弹塑性变形可采用弹塑性时程分析法或静力弹塑性分析法计算。

5.1.8　在进行结构整体内力和变形的弹性计算时，部分包覆钢-混凝土组合梁、柱构件的截面刚度可按下列公式计算：

$$EA=E_aA_a+E_cA_c \tag{5.1.8-1}$$

$$GA=G_aA_a+G_cA_c \tag{5.1.8-2}$$

$$EI=E_aI_a+E_cI_c \tag{5.1.8-3}$$

式中：E_a，E_c——钢材弹性模量（N/mm²）、混凝土弹性模量（N/mm²）；

G_a，G_c——钢材剪切模量（N/mm²）、混凝土剪切模量（N/mm²）；

A_a，A_c——主钢件面积（mm²）、混凝土面积（mm²）；

I_a，I_c——主钢件惯性矩（mm^4）、混凝土惯性矩（mm^4）；
EA，GA，EI——组合构件截面轴向刚度（N）、抗剪刚度（N）、抗弯刚度（$N \cdot mm^2$）。

5.1.9 在进行结构整体内力分析和变形的弹性计算时，T形PEC梁的抗弯刚度，对边框架可取矩形PEC梁按式（5.1.8-3）计算结果的1.2倍；对中框架可取矩形PEC梁按式（5.1.8-3）计算结果的1.5倍。

5.1.10 采用本标准尚未规定的截面形式或节点形式时，应有充分的计算依据和必要的试验依据。

5.1.11 部分包覆钢-混凝土组合构件应计算无支撑施工方法对结构构件设计的影响。

5.2 结构体系和构件

5.2.1 框架结构、框架-支撑结构、框架-钢筋混凝土剪力墙或钢板剪力墙结构、框架-钢筋混凝土核心筒结构的框架柱、框架梁、次梁和支撑构件可全部或一部分采用部分包覆钢-混凝土组合构件，门式刚架结构的柱、梁构件可采用部分包覆钢-混凝土组合构件。

5.2.2 采用部分包覆钢-混凝土组合构件作为框架柱和框架梁的房屋结构，房屋适用的最大高度不宜超过表5.2.2的规定。

表5.2.2 房屋适用的最大高度（m）

项次	结构类型	设防烈度		
		7度	8度	
			0.20g	0.30g
1	框架结构	50	40	35
2	框架-支撑结构	170	150	110
3	框架-钢筋混凝土剪力墙结构	120	100	80

续表5.2.2

项次	结构类型	设防烈度		
		7 度	8 度	
			0.20g	0.30g
4	框架-钢板剪力墙结构	170	150	110
5	框架-钢筋混凝土核心筒结构	190	150	130

注：1　房屋高度指室外地面到主要屋面板板顶的高度（不包括局部突出屋顶部分）。
　　2　平面和竖向均不规则的结构，最大高度宜适当降低。
　　3　超过表中高度的房屋，应进行专门研究和论证，采取有效的加强措施。

5.2.3　部分包覆钢-混凝土组合结构的高宽比不宜大于表5.2.3的规定。

表5.2.3　房屋适用的最大高宽比

项次	结构类型	设防烈度	
		7 度	8 度
1	框架结构	5	4
2	框架-支撑结构	6	5
3	框架-钢筋混凝土剪力墙结构	6.5	5.5
4	框架-钢板剪力墙结构	6.5	6
5	框架-钢筋混凝土核心筒结构	7	6

5.2.4　部分包覆钢-混凝土组合构件由开口截面主钢件及外轮廓范围内浇筑的混凝土组成，混凝土内可设纵筋、箍筋、抗剪件、连杆等钢配件（图5.2.4）。

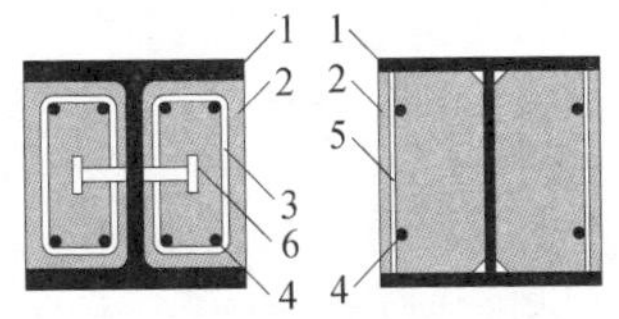

(a) 组合柱或矩形PEC梁截面

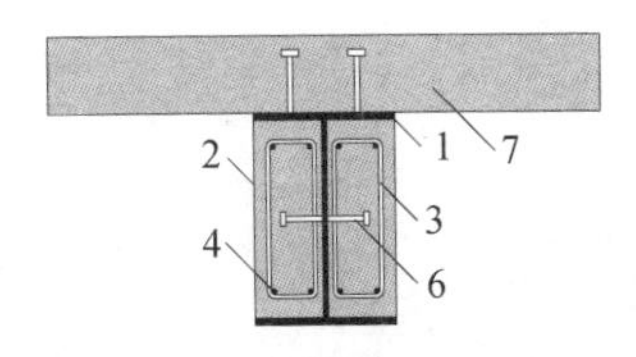

(b) T形PEC梁截面

1—开口截面主钢件；2—混凝土；3—箍筋；
4—纵筋；5—连杆；6—抗剪件（栓钉）；7—楼板

图5.2.4　部分包覆钢-混凝土组合构件的截面形式示意

5.2.5 主钢件的截面分类与宽厚比限值应符合下列规定：

1 梁和框架柱中主钢件的截面分类与宽厚比限值应符合表 5.2.5 的规定。

表 5.2.5 梁和框架柱中主钢件的截面分类与宽厚比限值

截面分类	构件设计要求	外伸翼缘 (b_0/t_f)	腹板 h_0/t_w	
			梁	柱
1	截面达到塑性弯矩、构件发生充分塑性转动	$9\varepsilon_k$	$65\varepsilon_k$	$35\varepsilon_k$
2	截面达到塑性弯矩	$14\varepsilon_k$	$124\varepsilon_k$	$70\varepsilon_k$
3	主钢件仅截面边缘达到钢材屈服强度	$20\varepsilon_k$	250	250

注：1 b_0 为翼缘外伸部分宽度，热轧工字钢和热轧 H 型钢为翼缘自由端至根部圆弧起弧处，焊接 H 形截面为翼缘自由端至焊脚边缘；t_f 为翼缘厚度（图 5.2.5）。

2 h_0 为腹板计算高度，热轧工字钢和热轧 H 型钢为腹板两端圆弧间的距离，焊接 H 形截面为两端焊脚间的距离，t_w 为腹板厚度。

3 ε_k 为钢号修正系数，$\varepsilon_k=\sqrt{235/f_{ay}}$，$f_{ay}$ 为钢材的屈服强度，当翼缘和腹板的钢材牌号不同时，应取各自对应的屈服强度。

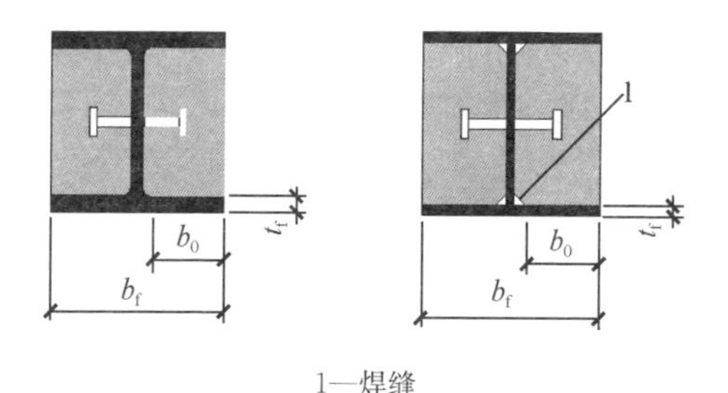

1—焊缝

图 5.2.5 受压翼缘外伸部分宽厚比示意

2 轴心受压柱中主钢件翼缘外伸部分的宽厚比不应大于表 5.2.5 中截面分类 2 的规定；当柱子整体稳定承载力小于截面强度承载力的 75%时，不应大于表 5.2.5 中截面分类 3 的规定。

3 支撑中主钢件翼缘外伸部分的宽厚比应符合本标准第 5.4.2 条的规定。

4 当主钢件受压翼缘通过连杆与另一侧翼缘牢固连接，且连杆间距(s_a)(钢筋或圆钢连杆取中心距，扁钢连杆取净距)与翼缘宽度(b_f)的比值不大于 0.25 时，则表 5.2.5 的宽厚比限值可放大 1.5 倍；比值大于 0.25 且不大于 0.5 时，则表 5.2.5 的宽厚比限值可在 1.5 倍～1.0 倍间插值。

5 梁和框架柱构件沿全长弯矩分布不均匀时，满足本条第 4 款要求的 s_a/b_f 的范围应覆盖弯矩最大值相邻区域，且不应小于构件净长的 1/8。

6 当 T 形 PEC 梁和框架柱的主钢件受压翼缘外侧面与钢筋混凝土板、压型钢板混凝土组合板等刚度较大的板件可靠连接或贴合连接，且其受弯中和轴位于混凝土板或与混凝土板相连的主钢件翼缘中时，表 5.2.5 中截面分类 2 的宽厚比限值可采用中截面分类 3 对应的宽厚比限值。

5.2.6 混凝土的外轮廓宽度(b_c)宜与主钢件翼缘宽度(b_f)一致；当需缩进时，b_c 不宜小于 b_f 的 80%(图 5.2.6)。

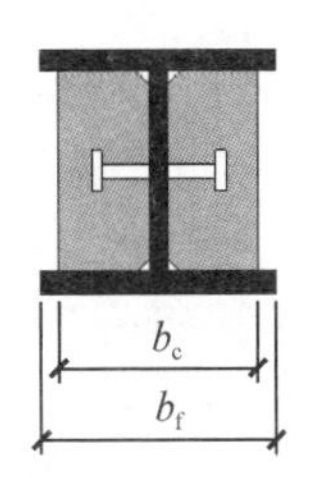

图 5.2.6 混凝土的外轮廓尺寸示意

5.3 结构变形规定

5.3.1 多层及高层结构在风荷载或多遇地震作用下按弹性方法计算的楼层弹性层间位移角以及在罕遇地震作用下结构薄弱层弹塑性层间位移角，不宜超过表 5.3.1 的限值。

表 5.3.1　多层及高层结构层间位移角限值

结构类型	弹性层间位移角限值	弹塑性层间位移角限值
框架结构、 框架-支撑结构、框架-钢板剪力墙结构	1/400(1/350)	1/50
框架-钢筋混凝土剪力墙结构 框架-钢筋混凝土核心筒结构	1/800	1/100

注：表中括号内数值适用于外挂墙板、内嵌装配式墙板等变形适应性较好、墙板内配有构造钢筋的情况。

5.3.2　部分包覆钢-混凝土组合梁的最大挠度不应超过表 5.3.2 规定的挠度限值。构件有起拱时，可将计算得到的挠度值减去起拱值。

表 5.3.2　部分包覆钢-混凝土组合梁的最大挠度限值

跨度	挠度限值(mm)
$l_0<7$ m	$l_0/200$ ($l_0/250$)
7 m$\leqslant l_0 \leqslant$9 m	$l_0/250$ ($l_0/300$)
$l_0>9$ m	$l_0/300$ ($l_0/400$)

注：1　l_0 为构件的计算跨度，悬臂构件应取实际悬臂长度的 2 倍。
　　2　表中括号内的数值适用于使用上对挠度有较高要求的构件。

5.3.3　部分包覆钢-混凝土组合梁的混凝土最大裂缝宽度不应大于表 5.3.3 规定的最大裂缝宽度限值。

表 5.3.3　部分包覆钢-混凝土组合梁混凝土最大裂缝宽度限值

环境类别	裂缝控制等级	混凝土最大裂缝宽度限值(mm)
一	三级	0.3
二 a、二 b、三 a、三 b		0.2

5.3.4　对于高度大于 150 m 的部分包覆钢-混凝土组合结构高层建筑应满足风振舒适度要求，在 10 年一遇的风荷载标准值作用下，结构顶点的顺风向和横风向振动最大加速度限值应符合表 5.3.4 的规定。

表 5.3.4　结构顶点风振加速度限值

使用功能	加速度限值(m/s²)
住宅、公寓	0.20
办公、旅馆	0.28
其他	0.30

5.4　抗震设计

5.4.1　部分包覆钢-混凝土组合结构的抗震设计，应根据设防类别、烈度、结构类型和房屋高度等因素采用不同的抗震等级，并应符合相应的计算和构造措施规定。丙类建筑的抗震等级应按表 5.4.1 确定。

表 5.4.1　部分包覆钢-混凝土组合结构的抗震等级

<table>
<tr><th colspan="2" rowspan="2">结构类型</th><th colspan="12">设防烈度</th></tr>
<tr><th colspan="6">7 度</th><th colspan="6">8 度</th></tr>
<tr><td rowspan="3">框架结构</td><td>房屋高度(m)</td><td colspan="3">≤24</td><td colspan="3">>24</td><td colspan="3">≤24</td><td colspan="3">>24</td></tr>
<tr><td>框架</td><td colspan="3">四</td><td colspan="3">三</td><td colspan="3">二</td><td colspan="3">一</td></tr>
<tr><td>大跨度框架</td><td colspan="6">二</td><td colspan="6">一</td></tr>
<tr><td rowspan="3">框架-钢筋混凝土剪力墙结构</td><td>房屋高度(m)</td><td colspan="2">≤24</td><td colspan="2">>24，≤60</td><td colspan="2">>60</td><td colspan="2">≤24</td><td colspan="2">>24，≤60</td><td colspan="2">>60</td></tr>
<tr><td>框架</td><td colspan="2">四</td><td colspan="2">三</td><td colspan="2">二</td><td colspan="2">三</td><td colspan="2">二</td><td colspan="2">一</td></tr>
<tr><td>钢筋混凝土剪力墙</td><td colspan="2">三</td><td colspan="2">二</td><td colspan="2">二</td><td colspan="2">二</td><td colspan="4">一</td></tr>
<tr><td rowspan="4">框架-支撑结构</td><td>房屋高度(m)</td><td colspan="3">≤24</td><td colspan="3">>24</td><td colspan="3">≤24</td><td colspan="3">>24</td></tr>
<tr><td>框架</td><td colspan="3">四</td><td colspan="3">三</td><td colspan="3">二</td><td colspan="3">一</td></tr>
<tr><td>支撑框架</td><td colspan="3">二</td><td colspan="3">一</td><td colspan="3">一</td><td colspan="3">一</td></tr>
<tr><td>支撑</td><td colspan="6">三</td><td colspan="6">二</td></tr>
</table>

续表5.4.1

结构类型		设防烈度			
		7度		8度	
框架-核心筒结构	房屋高度	≤130	>130	≤100	>100
	框架	二	一	一	一
	核心筒	二	一	一	特一

注:1 接近或等于高度分界时,可结合房屋不规则程度及场地、地基条件确定抗震等级。
2 大跨度框架指跨度不小于18 m的框架。
3 高度不超过60 m的框架-核心筒结构按框架-钢筋混凝土剪力墙的要求设计时,应按表中框架-钢筋混凝土剪力墙结构的规定确定其抗震等级。
4 当采用框架-钢板剪力墙结构时,框架的抗震等级可按照框架-支撑结构中的框架确定,剪力墙抗震等级可按现行行业标准《高层民用建筑钢结构技术规程》JGJ 99的有关规定确定。

5.4.2 框架梁、柱中主钢件的受压翼缘外伸部分宽厚比,应根据构件抗震等级按表5.4.2的规定确定。支撑中主钢件翼缘外伸部分的宽厚比不宜大于截面分类1的规定,但当框架-支撑结构抗震等级为三级、四级时,可按截面分类2设计。

表5.4.2 框架梁、柱中主钢件受压翼缘外伸部分宽厚比要求

构件抗震等级	一级	二级、三级	四级
截面分类	1	1,2	1,2,3

5.4.3 部分包覆钢-混凝土组合结构抗震计算的阻尼比宜符合下列规定:

1 多遇地震作用下,房屋高度不大于50 m时,可取0.04;高度大于50 m且小于200 m时,可取0.03;高度不小于200 m时,宜取0.02。

2 在罕遇地震作用下的弹塑性分析,阻尼比可取0.05。

5.4.4 部分包覆钢-混凝土组合结构整体稳定性应符合下列规定:

1 框架结构应满足下式要求:

$$D_i \geqslant 7\sum_{j=1}^{n} G_j / h_i (i=1, 2, \cdots, n) \quad (5.4.4\text{-}1)$$

2 框架-支撑结构、框架-钢板剪力墙板结构、框架-钢筋混凝土剪力墙结构、框架-钢筋混凝土核心筒结构应满足下式要求：

$$EJ_{\mathrm{d}} \geqslant 1.0H^2 \sum_{i=1}^{n} G_i \quad (5.4.4\text{-}2)$$

式中：D_i——第 i 楼层抗侧刚度(kN/mm)，可取该层剪力与层间位移的比值；

G_i，G_j——第 i、j 楼层重力荷载设计值(kN)；

h_i——第 i 楼层层高(mm)；

H——房屋高度(mm)；

EJ_{d}——结构一个主轴方向的弹性等效侧向刚度(kN·mm^2)。

5.4.5 部分包覆钢-混凝土组合结构房屋防震缝设置应符合下列规定：

1 防震缝宽度应符合下列规定：

1）框架结构、框架-支撑结构、框架-钢板剪力墙结构房屋的防震缝宽度，高度不超过 15 m 时，不应小于 130 mm；高度超过 15 m 时，7 度和 8 度时分别每增加高度 4 m 和 3 m，宜加宽 30 mm。

2）框架-剪力墙结构房屋的防震缝宽度不应小于本款第 1)项规定数值的 70%，且不宜小于 100 mm。

3）防震缝两侧结构类型不同时，宜按需要较宽防震缝的结构类型和较低房屋高度确定缝宽。

2 8 度设防烈度的框架结构房屋防震缝两侧结构层高相差较大时，可根据需要在缝两侧沿房屋全高各设置不少于 2 道垂直于防震缝的抗撞墙。抗撞墙的布置宜避免加大扭转效应，抗撞墙的长度可不大于 1/2 层高，抗震等级可同框架结构；框架构件的内力应按设置和不设置抗撞墙两种计算模型的不利情况取值。

3　当相邻结构的基础存在较大沉降差时，宜增大防震缝的宽度。

4　防震缝应沿房屋全高设置，地下室、基础可不设防震缝，但在与上部防震缝对应处应加强构造和连接。

5.4.6　非结构构件与结构的连接应符合现行国家标准《建筑抗震设计规范》GB 50011 和现行行业标准《非结构构件抗震设计规范》JGJ 339 的有关规定。

5.4.7　建筑附属设备的抗震设计应符合现行国家标准《建筑机电工程抗震设计规范》GB 50981 的有关规定。

5.5　一般构造

5.5.1　部分包覆钢-混凝土组合构件采用厚实型主钢件截面时，截面高宽比宜为 0.2～5.0。

5.5.2　部分包覆钢-混凝土组合构件采用薄柔型主钢件截面时，组合柱截面高宽比宜为 0.9～1.1，且可设置防止板件局部屈曲的连杆。矩形、T 形 PEC 梁截面高宽比宜为 2.0～4.0，矩形 PEC 梁可设防止板件局部屈曲的连杆，T 形 PEC 梁正弯矩区段可不设连杆，负弯矩区段宜设连杆。主钢件外伸翼缘宽度不宜小于 70 mm。

5.5.3　采用厚实型主钢件截面时，包覆混凝土内的纵筋、箍筋和腹板连接件应符合下列规定：

1　包覆混凝土应设置纵向钢筋、箍筋和栓钉或穿孔拉筋。

2　设置箍筋时，箍筋可通过直径大于 10 mm、焊接在腹板上的栓钉连接，也可将箍筋焊接在腹板上，或箍筋穿过腹板焊接连接(图 5.5.3)。

3　腹板设置栓钉或穿孔拉筋时，栓钉或穿孔拉筋的纵向间距不应大于 400 mm。翼缘内表面到腹板最近一排栓钉或穿孔拉筋的距离不得大于 200 mm，沿腹板高度方向栓钉或穿孔拉筋之

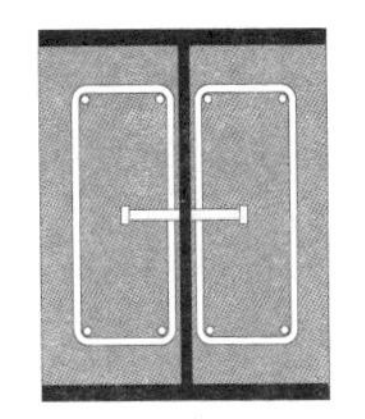
(a) 栓钉连接的封闭箍筋

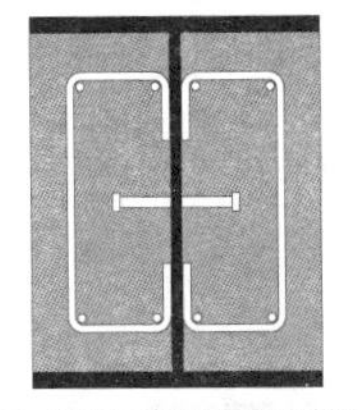
(b) 焊接到腹板的箍筋

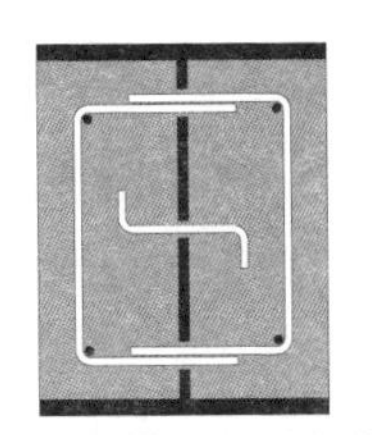
(c) 穿过腹板的焊接箍筋

图 5.5.3 厚实型截面构造形式示意

间的距离不应大于 250 mm。对于截面高度大于 400 mm 并有 2 排或 2 排以上栓钉或穿孔拉筋的主钢件，可采用交错布置栓钉或穿孔拉筋的方式。

5.5.4 采用薄柔型主钢件截面时，包覆混凝土内的纵筋、连杆和栓钉应符合下列规定：

1 包覆混凝土可设置纵向钢筋、箍筋、连杆和栓钉(图 5.5.4-1)。当截面高宽比大于 2 且小于或等于 4 时，可设置纵向钢筋、连杆和栓钉[图 5.5.4-1(a)]；当截面高宽比小于或等于 2 时，可设置纵向钢筋和连杆[图 5.5.4-1(b)]；当截面高宽比大于 4 时，可设置纵筋、箍筋、连杆和栓钉[图 5.5.4-1(c)]。

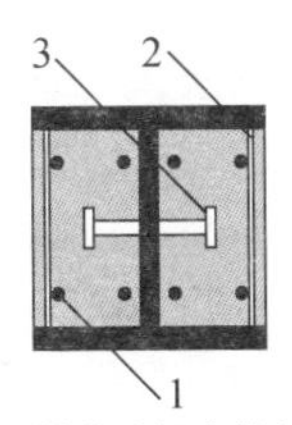

(a) 纵筋连杆和栓钉

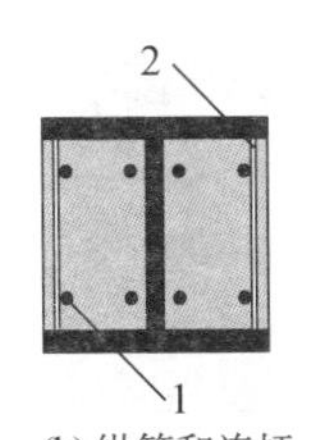

(b) 纵筋和连杆

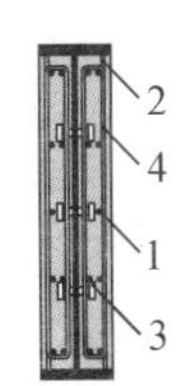

(c) 纵筋箍筋连杆和栓钉

1—纵向钢筋；2—连杆；3—栓钉；4—箍筋

图 5.5.4-1 薄柔型主钢件截面构造形式示意

2 连杆可采用钢筋连杆、圆钢连杆和扁钢连杆(图 5.5.4-2)。钢筋连杆和圆钢连杆可采用 I 型和 C 型。

3 钢筋连杆和圆钢连杆间距不宜小于 70 mm，连杆弯弧后的水平长度(l_a)不应小于 5 倍连杆直径。混凝土保护层厚度不应小于 25 mm。

4 扁钢连杆厚度不宜小于 4 mm，宽度不宜小于 25 mm，净距不宜小于 70 mm，混凝土保护层厚度不应小于 30 mm。

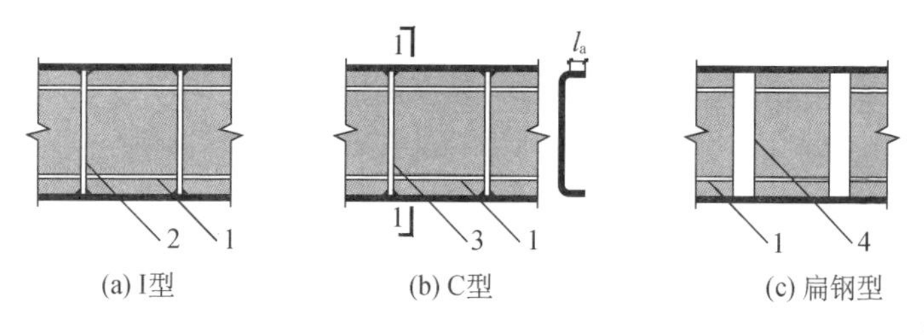

1—纵向钢筋；2—I 型连杆；3—C 型连杆；4—扁钢连杆

图 5.5.4-2 连杆形式示意

5.5.5 纵筋和箍筋混凝土保护层厚度应符合现行国家标准《混凝土结构设计规范》GB 50010 的有关规定。当内排纵向钢筋与主钢件板件之间净距小于 25 mm 和 1.5d 的较大值(d 为纵筋的最大直径)时，粘结力计算时应采用有效周长(c)(图 5.5.5)。

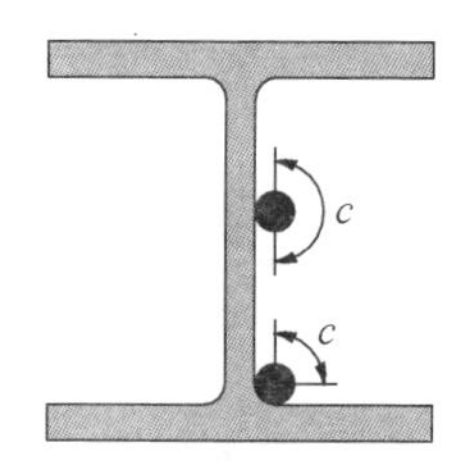

图 5.5.5 内排纵筋有效周长示意

6 构件设计

6.1 一般规定

6.1.1 部分包覆钢-混凝土组合梁绕截面强轴弯曲时应符合本章的规定。现浇混凝土板、混凝土叠合板或压型钢板混凝土组合板应通过抗剪连接件与梁主钢件截面连接(图 6.1.1)。

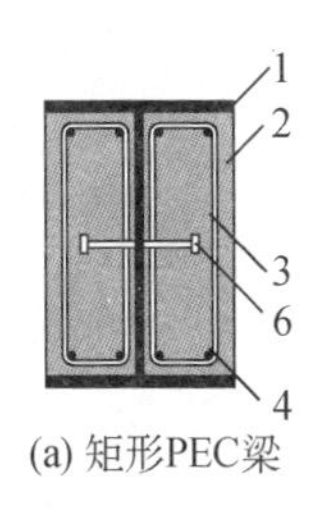

(a) 矩形PEC梁

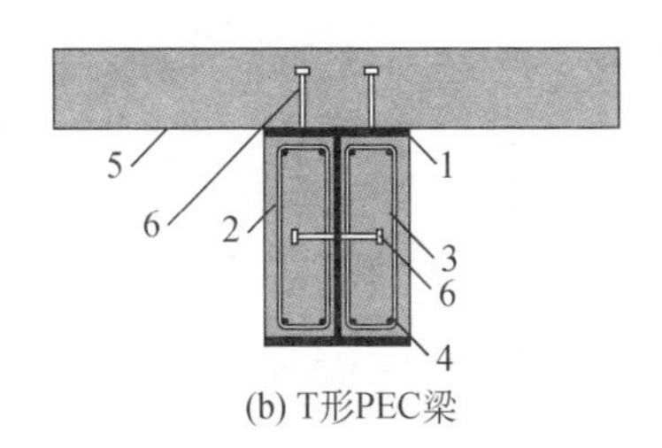

(b) T形PEC梁

1—H形主钢件;2—包覆混凝土;3—箍筋;4—纵筋;5—混凝土翼板;6—抗剪件(栓钉)

图 6.1.1 部分包覆钢-混凝土组合梁截面示意

6.1.2 部分包覆钢-混凝土组合梁截面受弯承载力,当符合本标准第 5.2.5 条截面分类 1、分类 2 的规定时,可采用全塑性理论按本标准第 6.2 节的规定计算。

6.1.3 部分包覆钢-混凝土组合梁截面受弯承载力,当符合本标准第 5.2.5 条截面分类 3 的规定时,应采用下列方法之一计算:

1 采用非线性方法计算时,应符合下列规定:

1) 组合截面应变分布采用平截面假定。

2) 钢材应力-应变曲线采用理想弹塑性模型,弹性段应力等于应变乘以弹性模量,并宜以强度设计值为上限;受拉塑性极限应变可取 15 倍屈服应变。

3）混凝土应力-应变曲线应符合现行国家标准《混凝土结构设计规范》GB 50010 的有关规定。

4）钢筋应力-应变曲线应符合现行国家标准《混凝土结构设计规范》GB 50010 的有关规定。

5）可忽略混凝土抗拉作用。

2 采用简化方法计算时，可按下列规定执行：

1）当翼缘宽厚比符合截面分类 1、分类 2 规定时，可按全塑性方法计算截面塑性受弯承载力。

2）当翼缘宽厚比为 $20\varepsilon_k$ 时，可按边缘屈服方法计算截面弹性受弯承载力。

3）当翼缘宽厚比介于本款第 1)项、第 2)项之间时，可采用本款第 1)项、第 2)项所得的受弯承载力按实际宽厚比线性插值。

6.1.4 T 形 PEC 梁截面受弯承载力计算时，跨中与中间支座处混凝土翼板的有效宽度(b_e)应按下式计算(图 6.1.4)：

$$b_e = b_0 + b_1 + b_2 \tag{6.1.4}$$

式中：b_e——混凝土翼板的有效宽度(mm)。

b_0——板托顶部宽度(mm)。当板托倾角 $\alpha < 45°$ 时，应按 $\alpha = 45°$ 计算板托顶部的宽度；当无板托时，则取梁主钢件上翼缘的宽度；当混凝土板和钢梁不直接接触(如之间有压型钢板分隔)时，取栓钉的横向间距，仅有 1 列栓钉时取 0。

b_1，b_2——梁外侧和内侧的翼板计算宽度(mm)。各取梁等效跨度(l_e)的 1/6，b_1 尚不应超过翼板实际外伸宽度(S_1)，b_2 尚不应超过相邻梁主钢件上翼缘或托板间净距(S_0)的 1/2。

l_e——等效跨度(mm)。对于简支 T 形 PEC 梁，取梁的计算跨度(l)；对于连续 T 形 PEC 梁，中间跨正弯矩区取计算跨度(l)的 60%,边跨正弯矩区取计算跨度(l)的 80%,支座负弯矩区取相邻两跨计算跨度之和的 20%。

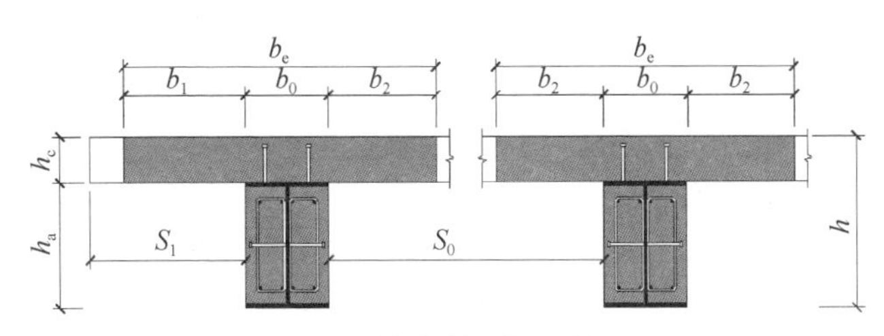

(a) 不设板托的T形PEC梁

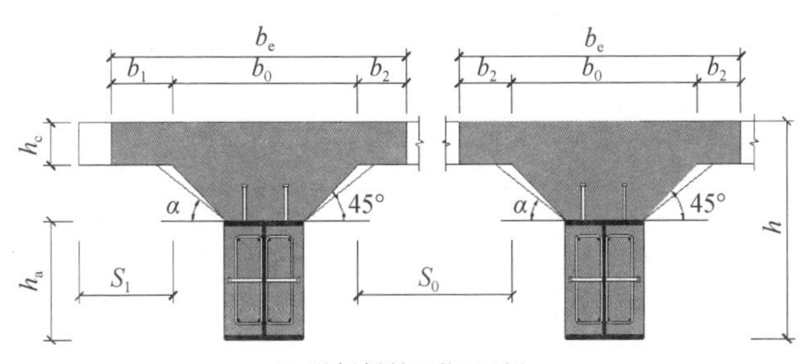

(b) 设板托的T形PEC梁

图 6.1.4 混凝土翼板的有效宽度示意

6.1.5 梁按塑性分析方法进行计算时,连续梁和框架梁在竖向荷载作用下的内力可采用弹性分析,不计混凝土开裂。对弹性分析结果可采用弯矩调幅法计及负弯矩区混凝土开裂以及截面塑性发展的影响,内力调幅不宜超过 30%。

6.1.6 在梁强度、挠度和裂缝宽度计算中,可忽略板托截面的作用。

6.1.7 梁截面受弯承载力计算时,梁端钢筋及混凝土翼板中受拉钢筋应采取有效锚固措施,保证受力钢筋达到抗拉或抗压设计强度。当不能满足有效锚固要求时,本标准第 6.2.1~6.2.3 条计算公式中的钢筋面积应取 0。

6.1.8 两端铰接柱、框架柱及其他轴心受力构件的设计应符合本章规定。

6.1.9 柱主钢件贡献率 δ 应符合下列公式的规定：

$$0.3 \leqslant \delta \leqslant 0.9 \tag{6.1.9-1}$$

$$\delta = \frac{A_a f'_a}{N_u} \tag{6.1.9-2}$$

式中：A_a，f'_a——柱主钢件截面面积（mm^2）、钢材抗压强度设计值（N/mm^2）；

N_u——柱截面受压承载力设计值（N），按本标准式（6.3.3-3）计算。

6.1.10 主钢件面积与纵向钢筋面积之和不宜超过全截面面积的20%，主钢件面积不应小于全截面面积的4%，纵向钢筋配筋率不宜超过全截面积的4%。部分包覆钢-混凝土组合柱应采用钢筋混凝土包覆。

6.2 梁设计

Ⅰ 承载力计算

6.2.1 无翼板部分包覆钢-混凝土组合梁绕强轴正截面受弯承载力应符合下列规定：

持久、短暂设计状况：

$$M \leqslant M_u \tag{6.2.1-1}$$

$$M_u = \alpha_1 f_{cw}(b_f - t_w)\frac{x^2}{2} + f_y A_s(h_a - x - 2t_f - a_s) + f'_y A'_s(x - a'_s) + f_a S_{at} + f'_a S_{ac} \tag{6.2.1-2}$$

$$x = \frac{f_y A_s + f_a b_f t_f + f_a h_w t_w - f'_y A'_s - f'_a b_f t_f}{f'_a t_w + f_a t_w + \alpha_1 f_{cw}(b_f - t_w)} \tag{6.2.1-3}$$

地震设计状况：

$$M \leqslant M_u / \gamma_{RE} \tag{6.2.1-4}$$

混凝土受压区高度应符合下列公式的规定：

$$2a'_s \leqslant x \leqslant \xi_b h_0 \tag{6.2.1-5}$$

$$\xi_b = \frac{1}{1 + \frac{f_y + f_a}{2 \times 0.003 E_s}} \tag{6.2.1-6}$$

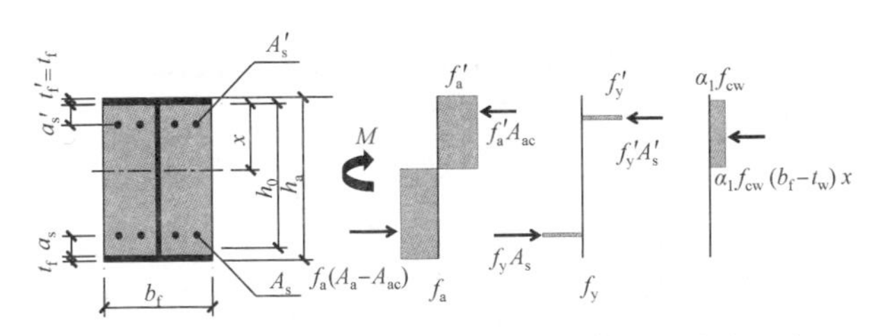

图 6.2.1　正弯矩作用下矩形 PEC 梁截面及应力示意

式中：M——正弯矩设计值(N·mm)；

M_u——截面受弯承载力设计值(N·mm)；

f_{cw}——梁主钢件腹部混凝土轴心抗压强度设计值(N/mm²)，取现行国家标准《混凝土结构设计规范》GB 50010 中轴心抗压强度设计值；

x——组合截面塑性中和轴至混凝土受压边缘的距离(mm)；

b_f，t_w，t_f——梁主钢件翼缘宽度、腹板厚度、翼缘厚度(mm)；

h_a，h_w——梁主钢件截面高度、腹板高度(mm)；

α_1——受压区混凝土压应力影响系数，当混凝土强度等级不超过 C50 时 α_1 取 1.0，当混凝土强度等级为 C80 时 α_1 取 0.94，中间按线性内插法确定；

f_y，f'_y——钢筋抗拉、抗压强度设计值(N/mm²)；

f_a，f'_a——梁主钢件抗拉、抗压强度设计值(N/mm²)；

A_s，A'_s——受拉、受压钢筋截面面积(mm^2)；

A_a，A_{ac}——梁主钢件全截面面积、梁主钢件受压区截面面积(mm^2)；

a_s，a'_s——受拉区钢筋合力点至混凝土受拉边缘的距离、受压区钢筋合力点至混凝土受压边缘的距离(mm)；

S_{at}，S_{ac}——受拉区梁主钢件截面、受压区梁主钢件截面对组合截面塑性中和轴的面积矩(mm^3)；

h_0——混凝土截面有效高度(mm)，即混凝土截面受压区的外边缘至梁主钢件受拉翼缘与受拉钢筋合力点的距离；

E_a，E_s——梁主钢件弹性模量、钢筋弹性模量(N/mm^2)；

γ_{RE}——梁受弯抗震承载力调整系数，按表5.1.6取值。

6.2.2 完全抗剪连接的有翼板部分包覆钢-混凝土组合梁正截面受弯承载力应符合下列规定：

1 正弯矩作用区段正截面受弯承载力应符合下列规定：

1) 当$\alpha_1 f_c b_e h_c \geqslant f_a A_a + f_y A_s$，即塑性中和轴位于混凝土翼板内时(图6.2.2-1)，正截面受弯承载力应符合下列公式规定：

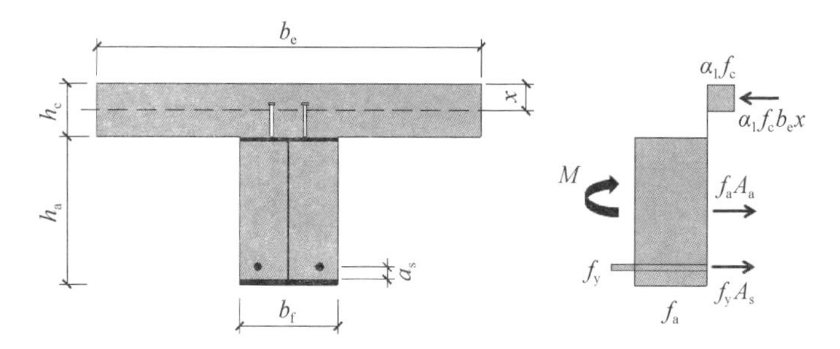

图6.2.2-1 中和轴位于混凝土翼板内时的T形PEC梁截面及应力示意

持久、短暂设计状况：

$$M \leqslant M_u \tag{6.2.2-1}$$

$$M_u = \alpha_1 f_c b_e x^2/2 + f_a A_a(0.5h_a + h_c - x) + f_y A_s(h_c + h_a - x - t_f - a_s) \tag{6.2.2-2}$$

$$x = \frac{f_a A_a + f_y A_s}{\alpha_1 f_c b_e} \tag{6.2.2-3}$$

地震设计状况：

$$M \leqslant M_u/\gamma_{RE} \tag{6.2.2-4}$$

2）当 $f_a(A_a - A'_{af}) + f_y A_s - f'_a A'_{af} \leqslant \alpha_1 f_c b_e h_c < f_a A_a + f_y A_s$，即塑性中和轴位于梁主钢件上翼缘内时（图 6.2.2-2），正截面受弯承载力应符合下列公式规定：

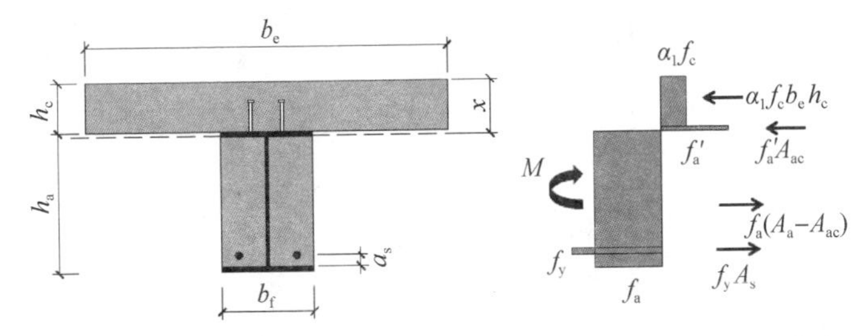

图 6.2.2-2　中和轴位于梁主钢件上翼缘时的 T 形 PEC 梁截面及应力图形

持久、短暂设计状况：

$$M \leqslant M_u \tag{6.2.2-5}$$

$$M_u = \alpha_1 f_c b_e h_c\left(x - \frac{h_c}{2}\right) + f_a S_{at} + f'_a S_{ac} + f_y A_s(h_c + h_a - x - t_f - a_s) \tag{6.2.2-6}$$

$$x = \frac{f_y A_s + f_a A_a - \alpha_1 f_c b_e h_c}{f'_a b_f + f_a b_f} + h_c \tag{6.2.2-7}$$

地震设计状况：

$$M \leqslant M_u/\gamma_{RE} \tag{6.2.2-8}$$

3）当$\alpha_1 f_c b_e h_c < f_a(A_a - A'_{af}) + f_y A_s - f'_a A'_{af}$，即塑性中和轴位于梁主钢件腹板内时（图 6.2.2-3），正截面受弯承载力应符合下列公式规定：

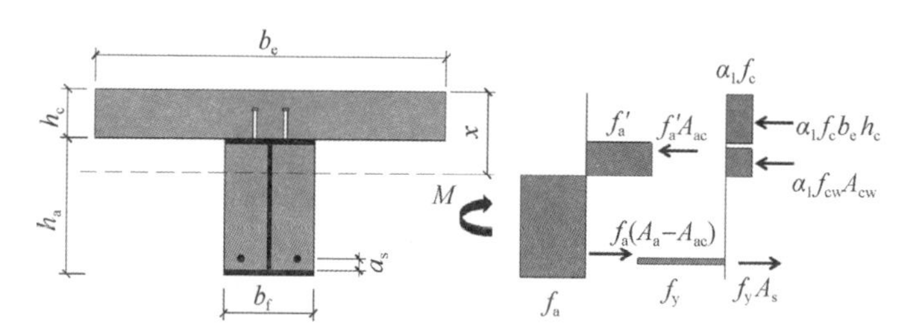

图 6.2.2-3　中和轴位于梁主钢件腹板时的 T 形 PEC 梁截面及应力示意

持久、短暂设计状况：

$$M \leqslant M_u \tag{6.2.2-9}$$

$$M_u = \alpha_1 f_c b_e h_c\left(x - \frac{h_c}{2}\right) + f_a S_{at} + f'_a S_{ac} + f_y A_s(h_c + h_a - x - t_f - a_s) + \alpha_1 f_{cw} A_{cw}\frac{(x - h_c - t'_f)}{2} \tag{6.2.2-10}$$

$$x = \frac{f_y A_s + f_a b_f t_f + f_a h_w t_w - f'_a b_f t'_f - \alpha_1 f_c b_e h_c}{f'_a t_w + f_a t_w + \alpha_1 f_{cw}(b_f - t_w)} + h_c + t'_f \tag{6.2.2-11}$$

地震设计状况：

$$M \leqslant M_u/\gamma_{RE} \tag{6.2.2-12}$$

式中：f_c——翼板混凝土轴心抗压强度设计值（N/mm²）；

h_c——混凝土翼板厚度（mm），不计托板、压型钢板肋的高度；

h_a——梁主钢件的截面高度（mm）；

t'_f——梁主钢件受压翼缘的厚度（mm）；

A'_{af}——梁主钢件受压翼缘截面的面积（mm²），$A'_{af} = b_f \cdot t'_f$；

A_{cw}——梁主钢件腹部混凝土受压截面的面积(mm^2)，$A_{cw}=(b_f-t_w)(x-h_c-t'_f)$。

2 负弯矩作用区段中，当 $f_yA'_s<f'_a(A_a-A_{af})+\alpha_1 f_{cw}(b_f-t_w)h_w+f'_yA_s-f_aA_{af}$，即塑性中和轴位于梁主钢件腹板内时(图 6.2.2-4)，正截面受弯承载力应符合下列公式规定：

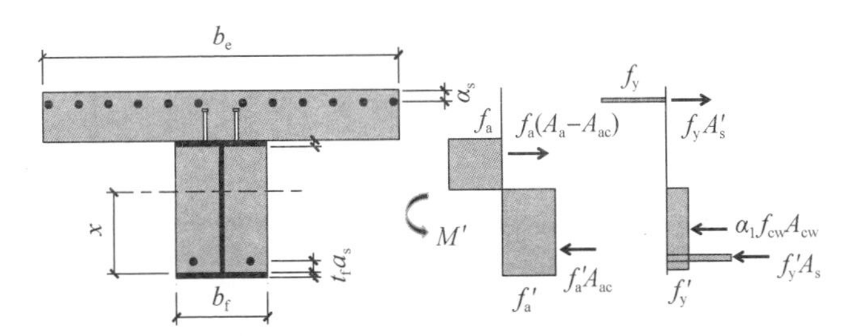

图 6.2.2-4 中和轴位于梁主钢件腹板时的 T 形 PEC 梁截面及应力示意

持久、短暂设计状况：

$$M'\leqslant M'_u \tag{6.2.2-13}$$

$$M'_u=f_yA'_s(h_a+h_c-x-t_f-a'_s)+f_aS_{at}+f'_aS_{ac}+\alpha_1 f_{cw}A_{cw}x/2+f'_yA_s(x-a_s) \tag{6.2.2-14}$$

$$x=\frac{f_yA'_s+f_ab_ft'_f+f_ah_wt_w-f'_yA_s-f'_ab_ft_f}{f'_at_w+f_at_w+\alpha_1 f_{cw}(b_f-t_w)} \tag{6.2.2-15}$$

地震设计状况：

$$M'\leqslant M'_u/\gamma_{RE} \tag{6.2.2-16}$$

式中：M'——负弯矩设计值(N·mm)；

M'_u——截面受弯承载力设计值(N·mm)；

A'_s——负弯矩区混凝土翼板有效宽度范围内的纵向钢筋截面面积(mm^2)；

A_{af}——梁主钢件受拉翼缘的截面面积(mm^2),$A_{af}=b_f \cdot t'_f$;

A_{cw}——梁主钢件腹部混凝土受压截面的面积(mm^2),$A_{cw}=(b_f-t_w)x$;

x——组合截面中和轴至混凝土受压边缘的距离(mm)。

γ_{RE}——梁受弯抗震承载力调整系数,按表 5.1.6 取值。

6.2.3 部分抗剪连接的有翼板部分包覆钢-混凝土组合梁正截面受弯承载力应符合下列规定:

1 正弯矩作用区段正截面受弯承载力(图 6.2.3)应符合下列公式规定:

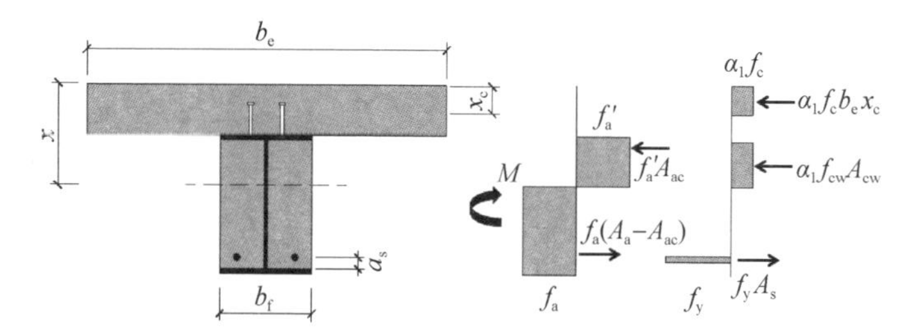

图 6.2.3 部分抗剪连接时的 T 形 PEC 梁截面及应力示意

持久、短暂设计状况:

$$M \leqslant M_{u,r} \tag{6.2.3-1}$$

$$M_{u,r}=\alpha_1 f_c b_e x_c\left(x-\frac{x_c}{2}\right)+\alpha_1 f_{cw} A_{cw}(x-h_c-t'_f)/2+f_a S_{at}+f'_a S_{ac}+f_y A_s(h_c+h_a-x-t_f-a_s) \tag{6.2.3-2}$$

$$x=\frac{f_y A_s+f_a b_f t_f+f_a h_w t_w-f'_a b_f t'_f-\alpha_1 f_c b_e x_c}{f'_a t_w+f_a t_w+\alpha_1 f_{cw}(b_f-t_w)}+h_c+t'_f \tag{6.2.3-3}$$

$$\alpha_1 f_c b_e x_c=n_{st} N_v^c \tag{6.2.3-4}$$

地震设计状况：

$$M \leqslant M_{u,r}/\gamma_{RE} \tag{6.2.3-5}$$

式中：$M_{u,r}$——部分抗剪连接时组合截面受弯承载力（N・mm）；

x_c——混凝土翼板受压区高度（mm）；

n_{st}——部分抗剪连接时最大正弯矩验算截面到最近零弯矩点之间的抗剪连接件数目；

N_v^c——一个抗剪连接件的纵向抗剪承载力（N），应符合本标准第 6.2.8 条规定；

γ_{RE}——梁受弯抗震承载力调整系数，按表 5.1.6 取值。

2 负弯矩作用区段正截面受弯承载力应按本标准式（6.2.2-13）或式（6.2.2-16）计算，计算中将 $f_y A_s'$ 改为 $f_y A_s'$ 和 $n_{st} N_v^c$ 二者中的较小值，n_{st} 为最大负弯矩验算截面到最近零弯矩点之间的抗剪连接件数目。

6.2.4 T 形 PEC 梁完全抗剪连接和部分抗剪连接时，混凝土翼板与梁主钢件间设置的抗剪连接件应分别符合下列公式的规定：

1 完全抗剪连接

$$n_{st} \geqslant V_s/N_v^c \tag{6.2.4-1}$$

2 部分抗剪连接

$$n_{st} \geqslant 0.5V_s/N_v^c \tag{6.2.4-2}$$

式中：V_s——每个剪跨区段内梁主钢件与混凝土翼板交界面的纵向剪力（N），应符合本标准第 6.2.5 条规定；

N_v^c——一个抗剪连接件的纵向抗剪承载力（N），应符合本标准第 6.2.8 条规定；

n_{st}——完全或部分抗剪连接的组合梁在一个剪跨区的抗剪连接件数目。

6.2.5 当采用柔性抗剪连接件时，梁主钢件与混凝土翼板交界面的纵向剪力应以弯矩绝对值最大点及支座为界限，划分若干剪跨区（图 6.2.5），各剪跨区纵向剪力计算应符合下列规定：

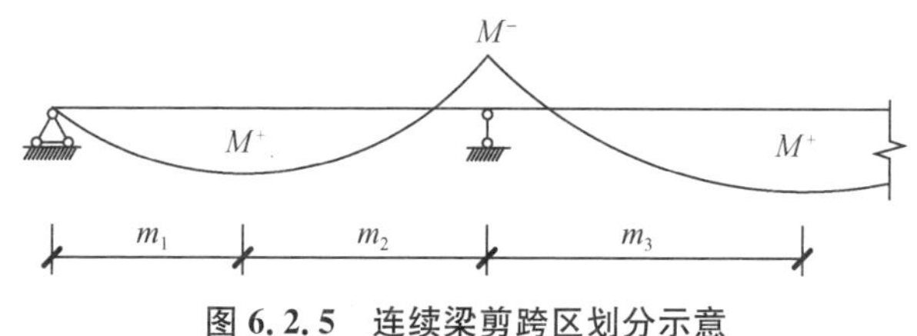

图 6.2.5　连续梁剪跨区划分示意

1　正弯矩最大点到边支座区段，即 m_1 区段的纵向剪力应按下式计算：

$$V_s = \min\{A_a f_a + A_s f_y,\ \alpha_1 f_c b_e h_c\} \tag{6.2.5-1}$$

2　正弯矩最大点到中支座（负弯矩最大点）区段，即 m_2 和 m_3 区段的纵向剪力应按下式计算：

$$V_s = \min\{A_a f_a + A_s f_y,\ \alpha_1 f_c b_e h_c\} + A'_s f_y \tag{6.2.5-2}$$

式中：A_s——梁主钢件包覆混凝土中钢筋截面面积（mm^2）；

A'_s——负弯矩区混凝土翼板中钢筋截面面积（mm^2）。

6.2.6　受剪承载力计算可仅计入主钢件中平行于剪力方向的板件受力，不计包覆混凝土和箍筋的作用，宜符合下列公式的规定：

持久、短暂设计状况：

$$V_b \leqslant V_u \tag{6.2.6-1}$$

$$V_u = h_w t_w f_{av} \tag{6.2.6-2}$$

地震设计状况：

$$V_b \leqslant V_u / \gamma_{RE} \tag{6.2.6-3}$$

式中：V_b——梁剪力设计值（N）；

V_u——梁受剪承载力设计值（N）；

f_{av}——梁主钢件腹板的抗剪强度设计值（N/mm^2）；

γ_{RE}——梁受剪抗震承载力调整系数，按表 5.1.6 取值。

6.2.7 用塑性设计法计算梁正截面受弯承载力时，承受正弯矩的 T 形 PEC 梁可不计弯矩和剪力的相互影响，承受正、负弯矩的矩形 PEC 梁、承受负弯矩的 T 形 PEC 梁应计入弯矩与剪力间的相互影响，按下列规定对腹板抗压、抗拉强度设计值进行折减，采用 f_{ae} 代替 f_a：

1 当剪力设计值 $V_b > 0.5V_u$ 时，应符合下列公式的规定：

$$f_{ae} = (1-\rho) f_a \tag{6.2.7-1}$$

$$\rho = (2V_b/V_u - 1)^2 \tag{6.2.7-2}$$

式中：f_{ae}——折减后的梁主钢件腹板抗压、抗拉强度设计值（N/mm^2）；

ρ——折减系数。

2 当剪力设计值 $V_b \leqslant 0.5V_u$ 时，可不对腹板强度设计值进行折减。

6.2.8 T 形 PEC 梁混凝土翼板与梁主钢件之间的抗剪连接件宜采用圆柱头焊钉，也可采用槽钢（图 6.2.8）。组合梁腹部的抗剪连接件宜采用圆柱头焊钉。一个抗剪连接件的承载力设计值应符合下列规定：

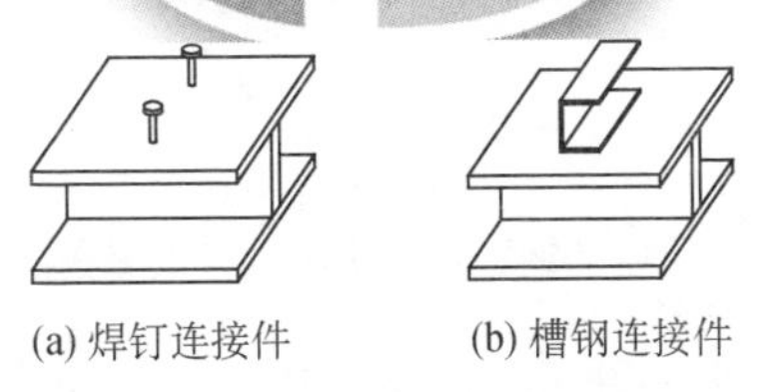
(a) 焊钉连接件　　(b) 槽钢连接件

图 6.2.8 组合梁抗剪连接件示意

1 圆柱头焊钉连接件抗剪承载力设计值应符合下式规定：

$$N_v^c = 0.43A_{st}\sqrt{E_c f_c} \leqslant 0.7A_{st} f_{at} \tag{6.2.8-1}$$

2 槽钢连接件抗剪承载力设计值应符合下式规定：

$$N_v^c = 0.26(t + 0.5t_w)l_c\sqrt{E_c f_c} \qquad (6.2.8\text{-}2)$$

式中：A_{st}——圆柱头焊钉钉杆截面面积(mm^2)；

f_{at}——圆柱头焊钉极限抗拉强度设计值(N/mm^2)；

t——槽钢翼缘的平均厚度(mm)；

t_w——槽钢腹板的厚度(mm)；

l_c——槽钢的长度(mm)。

3 槽钢连接件通过肢尖、肢背两条通长角焊缝与梁主钢件连接，角焊缝应按承受槽钢连接件的抗剪承载力设计值(N_v^c)进行计算。

4 位于负弯矩区段的一个抗剪连接件的承载力设计值(N_v^c)应乘以折减系数，中间支座两侧折减系数可取0.9，悬臂部分折减系数可取0.8。

6.2.9 采用压型钢板混凝土组合板做翼板的组合梁，圆柱头焊钉连接件的抗剪承载力设计值应分别按下列两种情况予以降低(图6.2.9)：

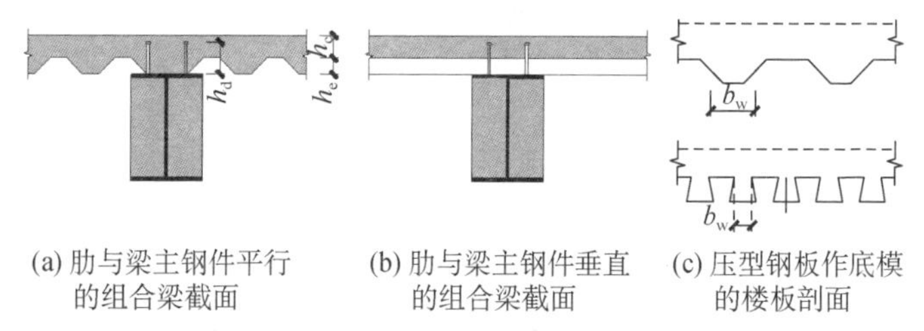

h_d
h_e
b_w
(a) 肋与梁主钢件平行的组合梁截面
(b) 肋与梁主钢件垂直的组合梁截面
(c) 压型钢板作底模的楼板剖面

图 6.2.9 采用压型钢板混凝土组合板做翼板的组合梁示意

1 当压型钢板肋平行于梁主钢件布置[图6.2.9(a)]，$b_w/h_e < 1.5$时，焊钉抗剪连接件承载力设计值的折减系数应按下式计算：

$$\beta_v = 0.6\frac{b_w}{h_e}\left(\frac{h_d - h_e}{h_e}\right) \qquad (6.2.9\text{-}1)$$

2 当压型钢板肋垂直于梁主钢件布置[图 6.2.9(b)]时，焊钉抗剪连接件承载力设计值的折减系数应按下式计算：

$$\beta_v=\frac{0.7}{\sqrt{n_0}}\frac{b_w}{h_e}\left(\frac{h_d-h_e}{h_e}\right) \tag{6.2.9-2}$$

式中：β_v——抗剪连接件承载力折减系数，不应大于表 6.2.9 中的上限值；

b_w——混凝土凸肋的平均宽度(mm)，当肋的上部宽度小于下部宽度时[图 6.2.9(c)]，取凸肋的上部宽度；

h_e——混凝土凸肋高度(mm)，不大于 85 mm，且 $h_e \leqslant b_w$；

h_d——焊钉高度(mm)；

n_0——梁截面处一个肋中布置的焊钉数，当多于 2 个时，按 2 个计算。

表 6.2.9 折减系数 β_v 的上限值

一个肋中焊钉数量	压型钢板厚度(mm)	采用穿透焊技术焊接焊钉，直径≤20 mm	预先在压型钢板上穿孔，然后焊接焊钉，直径≤22 mm
$n_0=1$	≤1.0 >1.0	0.85 1.0	0.75 0.75
$n_0=2$	≤1.0 >1.0	0.70 0.80	0.60 0.60

6.2.10 按本标准式(6.2.4-1)、式(6.2.4-2)算得的抗剪连接件数量，可在对应的剪跨区段内均匀布置。当在此剪跨区段内有较大集中荷载作用时，应将连接件个数(n_{st})按剪力图面积比例分配后再各自均匀布置。

6.2.11 T 形 PEC 梁由荷载作用引起的单位纵向抗剪界面长度上的剪力设计值应符合下列规定(图 6.2.11)：

1 a—a 界面剪力设计值应按下式计算：

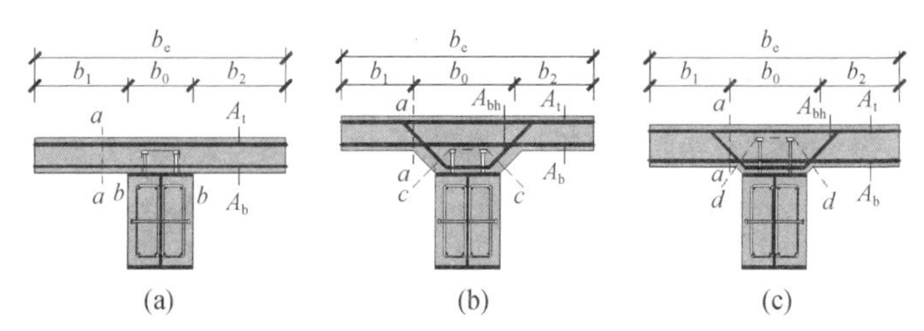

A_t—混凝土板顶部紧邻主钢件单位长度内抗弯钢筋面积总和；

A_b—混凝土板底部紧邻主钢件单位长度内抗弯钢筋面积总和；

A_{bh}—混凝土托板单位长度内弯起钢筋面积总和，量纲均为 mm^2/mm

图 6.2.11　托板及翼板的纵向受剪界面及纵向剪力简化计算图

$$V_{bl}=\max\left\{\frac{V_s}{m_i}\times\frac{b_1}{b_e},\frac{V_s}{m_i}\times\frac{b_2}{b_e}\right\} \tag{6.2.11-1}$$

2　b—b、c—c、d—d 界面剪力设计值应按下式计算：

$$V_{bl}=\frac{V_s}{m_i} \tag{6.2.11-2}$$

式中：V_{bl}——荷载作用引起的单位纵向抗剪界面长度上的剪力设计值(N/mm)；

V_s——每个剪跨区段内梁主钢件与混凝土翼板交界面的纵向剪力设计值(N)，应符合本标准第 6.2.5 条的规定；

m_i——剪跨区段长度(mm)，应符合本标准第 6.2.5 条的规定；

b_e——混凝土翼板的有效宽度(mm)，应符合本标准第 6.1.4 条的规定，取跨中有效宽度；

b_1，b_2——混凝土翼板左、右两侧挑出的宽度(mm)。

6.2.12　T 形 PEC 梁单位纵向抗剪界面长度上的斜截面受剪承载力应符合下列公式的规定：

$$V_{bl}\leqslant 0.7f_tb_s+0.8A_ef_{yv} \tag{6.2.12-1}$$

$$V_{bl}\leqslant 0.25f_cb_s \tag{6.2.12-2}$$

式中：f_t——混凝土轴心抗拉强度设计值（N/mm^2）。

b_s——垂直于纵向抗剪界面的长度（mm），按本标准图 6.2.11 所示的 a—a、b—b、c—c 及 d—d 连线在抗剪连接件以外的最短长度取值。

A_e——单位纵向抗剪界面长度上的横向钢筋截面面积（mm^2/mm）。对于界面 a—a，$A_e = A_b + A_t$；对于界面 b—b，$A_e = 2A_b$；对于有板托的界面 c—c，$A_e = 2A_{bh}$；对于有板托的界面 d—d，$A_e = 2(A_b + A_{bh})$。

f_{yv}——横向钢筋抗拉强度设计值（N/mm^2）。

6.2.13 混凝土板横向钢筋最小配筋宜符合下列规定：

$$A_e f_{yv}/b_s > t_s \tag{6.2.13}$$

式中：t_s——混凝土板横向钢筋最小配筋限值，取 0.75，量纲为 N/mm^2。

Ⅱ 挠度验算

6.2.14 部分包覆钢-混凝土组合梁挠度应分别按照荷载的标准组合和准永久组合进行计算，并应以其中的最大值作为依据。

6.2.15 部分包覆钢-混凝土组合梁的挠度可根据构件的刚度按结构力学方法计算。挠度的限值应符合本标准第 5.3.2 条的规定。

6.2.16 计算梁的挠度变形时，可假定各同号弯矩区段内的刚度相等。仅受正弯矩作用的 T 形 PEC 梁的抗弯刚度应取计入滑移效应的折减刚度；连续 T 形 PEC 梁应按变截面刚度梁进行计算，在距中间支座两侧各 0.15 倍梁跨度范围内，按负弯矩作用确定截面等效刚度，其余区段仍取折减刚度。

6.2.17 部分包覆钢-混凝土组合梁计入受拉混凝土开裂影响的截面等效惯性矩（I_{eq}）应按下式计算：

$$I_{eq} = (I_{ucr} + I_{cr})/2 \tag{6.2.17}$$

式中：I_{ucr}——部分包覆钢-混凝土组合梁未开裂的换算截面惯性矩（mm^4）；对于荷载标准组合，可将翼缘和主钢件腹部混凝土除以 α_E 换算成钢截面后计算整个截面的惯性矩；对荷载准永久组合，则除以 $2\alpha_E$ 进行换算；α_E 为钢材与混凝土模量的比值。

I_{cr}——部分包覆钢-混凝土组合梁开裂截面的换算截面惯性矩（mm^4）。对于荷载标准组合，当正弯矩作用时，可将翼缘及主钢件腹部受压区混凝土除以 α_E 换算成钢截面后计算整个截面的惯性矩；当负弯矩作用时，应计入翼板内纵向钢筋的作用，可将截面腹部受压区混凝土除以 α_E 换算成钢截面后计算整个截面的惯性矩。对荷载准永久组合，则除以 $2\alpha_E$ 进行换算。

6.2.18 T形PEC梁计入混凝土翼板与主钢件之间滑移效应的折减刚度（B）可按下式计算：

$$B=\frac{E_a I_{eq}}{1+\zeta} \tag{6.2.18}$$

式中：E_a——梁主钢件的弹性模量（N/mm^2）；

I_{eq}——截面等效惯性矩（mm^4），按式（6.2.17）计算；

ζ——刚度折减系数，按本标准第6.2.19条计算。

6.2.19 刚度折减系数（ζ）可按下列公式计算：

$$\zeta=\eta\left[0.4-\frac{3}{(jl)^2}\right] \tag{6.2.19-1}$$

$$\eta=\frac{36E_a d_c p A_0}{n_s k h l^2} \tag{6.2.19-2}$$

$$j=0.81\sqrt{\frac{n_s N_v^c A_1}{E_a I_0 p}} \tag{6.2.19-3}$$

$$A_0=\frac{A_{cf}A_a}{\alpha_E A_a+A_{cf}} \tag{6.2.19-4}$$

$$A_1=\frac{I_0+A_0 d_c^2}{A_0} \tag{6.2.19-5}$$

$$I_0=I_a+\frac{I_{cf}}{\alpha_E} \tag{6.2.19-6}$$

式中：ζ——刚度折减系数，当$\zeta\leqslant 0$时，取$\zeta=0$；

A_{cf}——混凝土翼板截面面积(mm^2)；

A_a——梁主钢件截面面积(mm^2)；

I_a——梁主钢件截面惯性矩(mm^4)；

I_{cf}——混凝土翼板的截面惯性矩(mm^4)；

d_c——梁主钢件截面形心到混凝土翼板截面形心的距离(mm)；

h——部分包覆钢-混凝土组合梁截面高度(mm)；

l——部分包覆钢-混凝土组合梁跨度(mm)；

k——抗剪连接件的刚度，取$k=N_v^c$(N/mm)；

N_v^c——抗剪连接件的承载力设计值(N)；

p——抗剪连接件的纵向平均间距(mm)；

n_s——抗剪连接件在一根梁上的列数；

α_E——钢材与混凝土弹性模量的比值，当按荷载效应的准永久组合进行计算时，α_E应乘以2。

6.2.20 对于负弯矩作用的T形PEC梁和正、负弯矩作用的矩形PEC梁，ζ应取为0，并应按本标准式(6.2.18)计算截面等效抗弯刚度($E_a I_{eq}$)。

Ⅲ 裂缝宽度验算

6.2.21 部分包覆钢-混凝土组合梁应验算裂缝宽度，最大裂缝宽度应按荷载准永久组合并计入长期作用影响的效应计算。

6.2.22 无翼板部分包覆钢-混凝土组合梁混凝土最大裂缝宽度应按下列公式计算(图 6.2.22)：

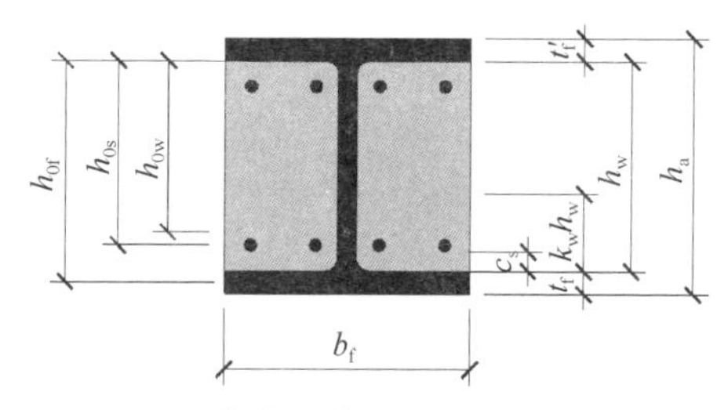

图 6.2.22 无翼板部分包覆钢-混凝土组合梁混凝土最大裂缝宽度计算参数示意

$$\omega_{max} = 1.9\psi \frac{\sigma_{sa}}{E_s}\left(1.9c_s + 0.08\frac{d_e}{\rho_{te}}\right) \tag{6.2.22-1}$$

$$\psi = 1.1(1 - M_{cr}/M_q) \tag{6.2.22-2}$$

$$M_{cr} = 0.235(b_c - t_w)h_w^2 f_{tk} \tag{6.2.22-3}$$

$$\sigma_{sa} = \frac{M_q}{\gamma_s(A_s h_{0s} + A_{af} h_{0f} + k_w A_{aw} h_{0w})} \tag{6.2.22-4}$$

$$d_e = \frac{4(A_s + A_{af} + k_w A_{aw})}{u} \tag{6.2.22-5}$$

$$u = n_r \pi d_s + (b_c - t_w + 2k_w h_w) \times 0.7 \tag{6.2.22-6}$$

$$\rho_{te} = \frac{A_s + A_{af} + k_w A_{aw}}{0.5(b_c - t_w)h_w} \tag{6.2.22-7}$$

$$k_w = \frac{0.25h_a - t_f}{h_w} \tag{6.2.22-8}$$

式中： c_s——纵向受拉钢筋的混凝土保护层厚度(mm)；

ψ——计入梁主钢件翼缘作用的钢筋应变不均匀系数，

当 $\psi \leqslant 0.4$ 时，取 $\psi=0.4$，当 $\psi \geqslant 1.0$ 时，取 $\psi=1.0$；

M_q——按荷载准永久组合计算的弯矩（N·mm）；

k_w——梁主钢件腹板影响系数，取1/4梁高范围中腹板高度与整个腹板高度的比值；

d_e，ρ_{te}——计入梁主钢件受拉翼缘与部分腹板及受拉钢筋的有效直径（mm）、有效配筋率；

γ_s——力臂系数，取0.87；

σ_{sa}——计入梁主钢件受拉翼缘与部分腹板及受拉钢筋的等效钢筋应力值（N/mm^2）；

M_{cr}——混凝土截面的抗裂弯矩（N·mm）；

A_{af}，A_{aw}，A_s——梁主钢件受拉翼缘面积、梁主钢件腹板面积、纵向受拉钢筋面积（mm^2）；

b_f，h_w，t_w——梁主钢件翼缘宽度、腹板高度、腹板厚度（mm）；

h_{0s}，h_{0f}，h_{0w}——纵向受拉钢筋、梁主钢件受拉翼缘、$k_w A_{aw}$ 截面重心至混凝土截面受压边缘的距离（mm）；

n_r——纵向受拉钢筋的数量；

u——等效周长（mm），取纵向受拉钢筋周长、梁主钢件受拉翼缘内侧边长的0.7倍及受拉区部分腹板长度的0.7倍之和；

b_c——梁主钢件腹板两侧混凝土外轮廓宽度（mm）。

6.2.23 T形截面组合梁最大裂缝宽度可按不计翼缘作用的矩形截面组合梁计算，本标准式（6.2.22-4）中的力臂系数 γ_s 宜取为0.92。

6.2.24 T形截面组合梁负弯矩区段混凝土最大裂缝宽度可按荷载准永久组合并计入长期作用影响的效应计算。最大裂缝宽度计算应符合现行国家标准《混凝土结构设计规范》GB 50010对轴心受拉构件的规定，开裂截面翼板纵向受拉钢筋应力计算应符合本标准第6.2.25条的规定。

6.2.25 T形截面组合梁负弯矩区翼板开裂截面纵向受拉钢筋应力应按下式计算：

$$\sigma_{sq}=\frac{M_q y_s}{I_{cr}} \tag{6.2.25}$$

式中：I_{cr}——由翼板纵向受拉钢筋和矩形 PEC 梁组成的开裂换算截面惯性矩（mm^4）；

σ_{sq}——开裂截面纵向受拉钢筋应力（N/mm^2）；

y_s——翼板纵向受拉钢筋截面重心至翼板纵向受拉钢筋和矩形 PEC 梁组成的开裂换算截面中和轴的距离（mm）；

M_q——准永久荷载作用下支座负弯矩（N·mm），可按未开裂截面由弹性计算得到。

6.3 柱和支撑设计

Ⅰ 轴心受力构件承载力计算

6.3.1 轴心受拉构件的截面承载力应由组合截面中主钢件截面承载力决定；轴心受压构件的承载力应由组合截面承载力和构件整体稳定承载力的较小值决定。

6.3.2 当端部连接处主钢件的各板件都由连接件直接传力时，除采用高强度螺栓摩擦型连接者外，轴心受拉构件截面承载力计算应符合下列公式的规定：

持久、短暂设计状况：

$$N \leqslant N_{a,y} \tag{6.3.2-1}$$

$$N \leqslant N_{an,u} \tag{6.3.2-2}$$

地震设计状况：

$$N \leqslant N_{a,y}/\gamma_{RE} \tag{6.3.2-3}$$

$$N \leqslant N_{an,u}/\gamma_{RE} \tag{6.3.2-4}$$

$$N_{a,y} = A_a f_a \tag{6.3.2-5}$$

$$N_{an,u} = 0.7 A_{an} f_{au} \tag{6.3.2-6}$$

式中：N——轴向拉力设计值(N)；

$N_{a,y}$——毛截面屈服承载力设计值(N)；

$N_{an,u}$——净截面断裂承载力设计值(N)；

A_a——组合截面中柱主钢件毛截面面积(mm^2)；

A_{an}——组合截面中柱主钢件净截面面积(mm^2)，当构件多个截面有孔时，取最不利的截面；

f_a——钢材抗拉强度设计值(N/mm^2)；

f_{au}——钢材抗拉强度最小值(N/mm^2)；

γ_{RE}——柱轴拉抗震承载力调整系数，按表 5.1.6 取值。

6.3.3 当端部连接处组成截面的各板件都由连接件直接传力时，轴心受压构件截面强度计算应符合下列公式的规定：

持久、短暂设计状况：

$$N \leqslant N_u \tag{6.3.3-1}$$

地震设计状况：

$$N \leqslant N_u/\gamma_{RE} \tag{6.3.3-2}$$

$$N_u = f'_a A_a + f_c A_c + f'_y A_s \tag{6.3.3-3}$$

式中：N，N_u——轴向压力设计值、截面受压承载力设计值(N)；

A_a，A_c，A_s——柱主钢件、混凝土、钢筋的截面面积(mm^2)；

f'_a，f_c，f'_y——钢材、混凝土、钢筋的抗压强度设计值(N/mm^2)；

γ_{RE}——柱轴压抗震承载力调整系数，按表 5.1.6 取值。

6.3.4 轴心受压构件的整体稳定计算应符合下列公式的规定：

持久、短暂设计状况：

$$N \leqslant \varphi N_{u} \tag{6.3.4-1}$$

地震设计状况：

$$N \leqslant \varphi N_{u}/\gamma_{RE} \tag{6.3.4-2}$$

式中：N，N_{u}——轴向压力设计值、截面受压承载力设计值(N)；

φ——轴心受压构件的稳定系数，取截面两主轴稳定系数(φ_{x}，φ_{y})中的较小值；

γ_{RE}——柱轴压抗震承载力调整系数，按表 5.1.6 取值。

6.3.5 组合截面回转半径应按下式计算：

$$i = \sqrt{\frac{E_{a}I_{a} + E_{c}I_{c}}{E_{a}A_{a} + E_{c}A_{c}}} \tag{6.3.5}$$

式中：i——组合截面回转半径(mm)。

6.3.6 构件正则化长细比(λ_{n})应按下列公式计算：

$$\lambda_{n} = \frac{\lambda}{\pi}\sqrt{\frac{f_{EQ}}{E_{EQ}}} \tag{6.3.6-1}$$

$$\lambda = \frac{l_{0}}{i} \tag{6.3.6-2}$$

$$f_{EQ} = \frac{f_{ay}A_{a} + f_{ck}A_{c}}{A_{a} + A_{c}} \tag{6.3.6-3}$$

$$E_{EQ} = \frac{E_{a}A_{a} + E_{c}A_{c}}{A_{a} + A_{c}} \tag{6.3.6-4}$$

式中：l_{0}——轴心受压构件计算长度(mm)，应符合本标准第 6.3.8 条规定；

λ——构件长细比；

f_{EQ}——组合截面当量强度(N/mm²)；

E_{EQ}——组合截面当量弹性模量(N/mm²)；

f_{ay}——钢材屈服强度(N/mm²);

f_{ck}——混凝土轴心抗压强度标准值(N/mm²)。

6.3.7 轴心受压构件的稳定系数应按下列公式计算:

当 $\lambda_n \leqslant 0.382$ 时,

$$\varphi = 1 - \alpha_1 \lambda_n^2 \tag{6.3.7-1}$$

当 $\lambda_n > 0.382$ 时,

$$\varphi = \frac{1}{2\lambda_n^2}\left[\alpha_2 + \alpha_3\lambda_n + \lambda_n^2 - \sqrt{(\alpha_2 + \alpha_3\lambda_n + \lambda_n^2)^2 - 4\lambda_n^2}\right] \tag{6.3.7-2}$$

式中:α_1,α_2,α_3——系数,按表 6.3.7 取值。

表 6.3.7 轴压稳定系数公式的参数取值

失稳方向	α_1	α_2	α_3
强轴	0.550	0.986	0.240
弱轴	0.420	0.830	0.595

6.3.8 轴心受力构件和框架柱的计算长度应符合现行国家标准《钢结构设计标准》GB 50017 的规定。确定框架柱的柱端约束时,应按本标准式(5.1.8-3)计算相应的组合梁、组合柱截面抗弯刚度。

Ⅱ 单向压弯构件承载力计算

6.3.9 单向压弯构件的截面受弯承载力计算应符合下列规定:

1 采用简化的 N-M 相关曲线(图 6.3.9-1、图 6.3.9-2),应按下列公式计算:

持久、短暂设计状况:

$$M \leqslant M_u \ (0 \leqslant N \leqslant N_m) \tag{6.3.9-1}$$

$$\frac{N - N_m}{N_u - N_m} + \frac{M}{M_u} \leqslant 1 \ (N_m < N \leqslant N_u) \tag{6.3.9-2}$$

地震设计状况：

$$M \leqslant M_{u}/\gamma_{RE} (0 \leqslant N \leqslant N_{m}) \qquad (6.3.9\text{-}3)$$

$$\frac{N - N_{m}}{N_{u} - N_{m}} + \frac{M}{M_{u}} \leqslant 1/\gamma_{RE} (N_{m} < N \leqslant N_{u}) \qquad (6.3.9\text{-}4)$$

式中：N——轴力设计值(N)；

M——弯矩设计值(N·mm)，针对不同弯曲轴分别取 M_{x} 或 M_{y}；

N_{m}——特征轴力(N)，针对不同弯曲轴分别取 N_{mx} 或 N_{my}，按本条第 2 款、第 3 款计算；

N_{u}——截面受压承载力设计值(N)，按本标准式(6.3.3-3)计算；

M_{u}——截面受弯承载力设计值(N·mm)，针对不同弯曲轴，分别取 M_{ux} 或 M_{uy}，按本条第 4 款、第 5 款计算；

γ_{RE}——柱偏压抗震承载力调整系数，按表 5.1.6 取值。

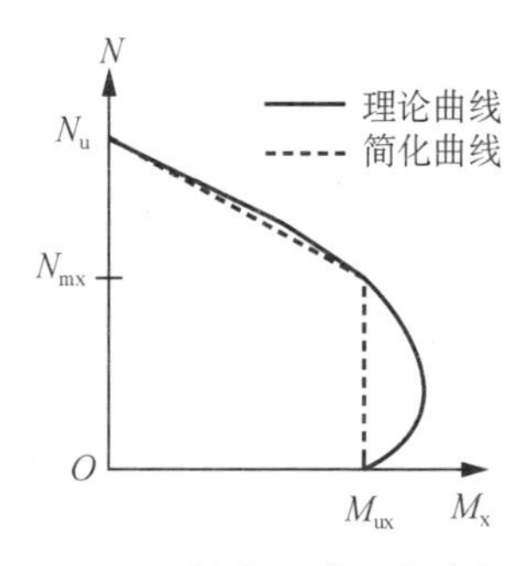

图 6.3.9-1 轴力 N-绕强轴弯矩 M_{x} 相关曲线及简化

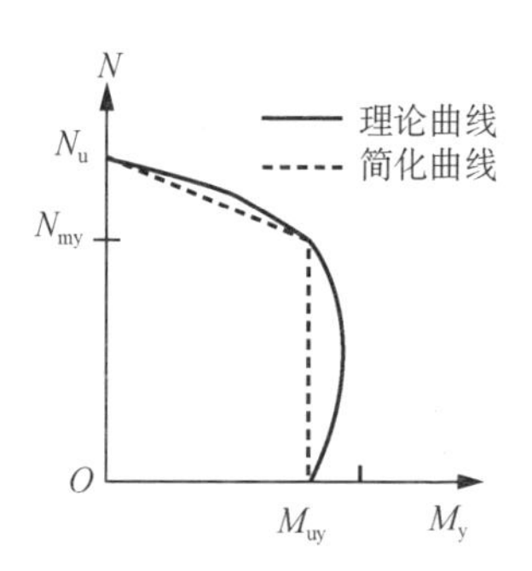

图 6.3.9-2 轴力 N-绕弱轴弯矩 M_{y} 相关曲线及简化

2 绕强轴(x 轴)特征轴力(N_{mx})应按下列公式计算(图 6.3.9-3)：

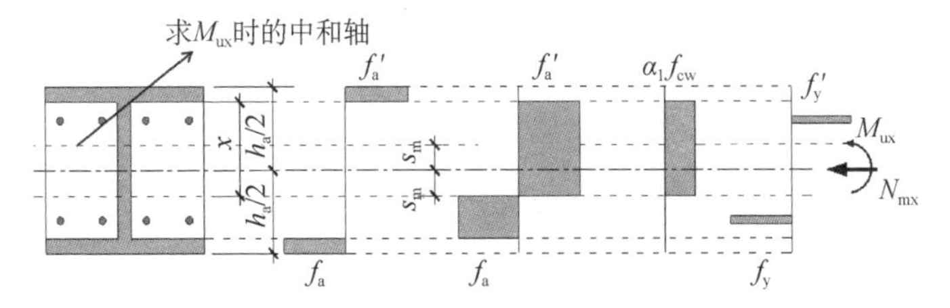

图 6.3.9-3　关于强轴截面特征轴力 N_{mx} 计算的应力模式示意

（取 $A_s=A_s'$，$f_a=f_a'$，$f_y=f_y'$）

$$N_{mx}=\alpha_1 f_{cw}(b_f-t_w)x+f_a 2s_m t_w \qquad (6.3.9\text{-}5)$$

式中：x——特征轴力时塑性中和轴高度（mm），即混凝土受压边缘至塑性中和轴的距离；

s_m——计算参数（mm），取塑性中和轴到截面中心轴的距离。

3　绕弱轴（y 轴）特征轴力（N_{my}）应按下列公式计算，

1）当 $\alpha_1 f_{cw}h_w(b_f-t_w)/2\geqslant f_a h_a t_w$ 时（图 6.3.9-4）：

$$N_{my}=\alpha_1 f_{cw}(h_a-2t_f)(x-t_w)+f_a 4s_m t_f+f_a(h_a-2t_f)t_w \qquad (6.3.9\text{-}6)$$

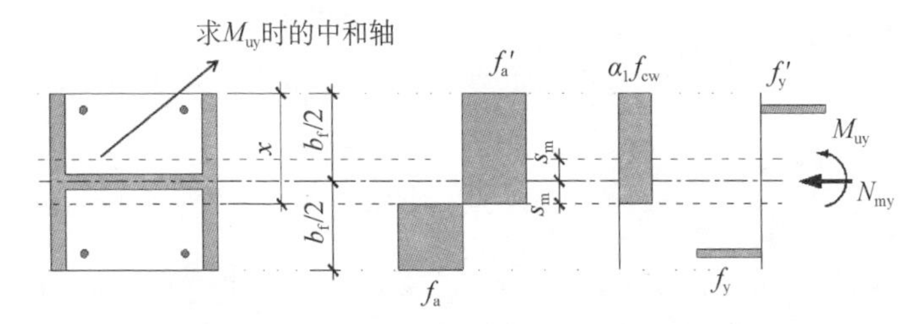

图 6.3.9-4　关于弱轴截面特征轴力 N_{my} 计算的应力分布模式 1 示意

（取 $A_s=A_s'$，$f_a=f_a'$，$f_y=f_y'$）

2）当 $\alpha_1 f_{cw}h_w(b_f-t_w)/2<f_a h_a t_w$ 时（图 6.3.9-5）：

$$N_{my}=\alpha_1 f_{cw}(h_a-2t_f)(b_f-t_w)/2+2f_a s_m h_a \qquad (6.3.9\text{-}7)$$

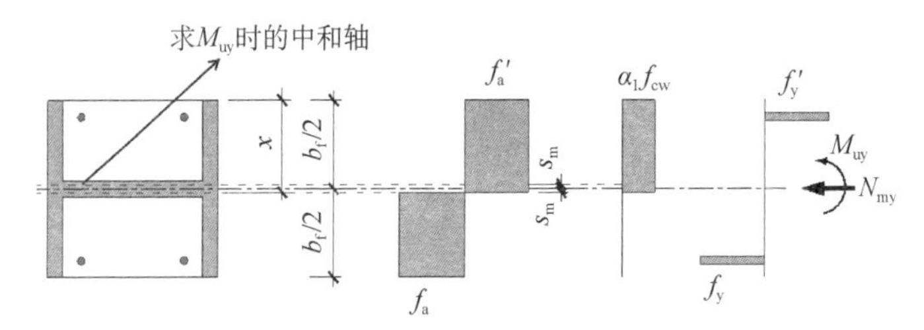

图 6.3.9-5 关于弱轴截面特征轴力 N_{my} 计算的应力分布模式 2 示意

(取 $A_s = A'_s$，$f_a = f'_a$，$f_y = f'_y$)

4 绕强轴(x 轴)截面受弯承载力设计值(M_{ux})应符合本标准第 6.2.1 条的规定。

5 绕弱轴(y 轴)截面受弯承载力设计值(M_{uy})应符合下列公式的规定：

1) 当 $\alpha_1 f_{cw} h_w (b_f - t_w)/2 \geqslant f_a h_a t_w$，塑性中和轴位于一侧混凝土内时(图 6.3.9-6)：

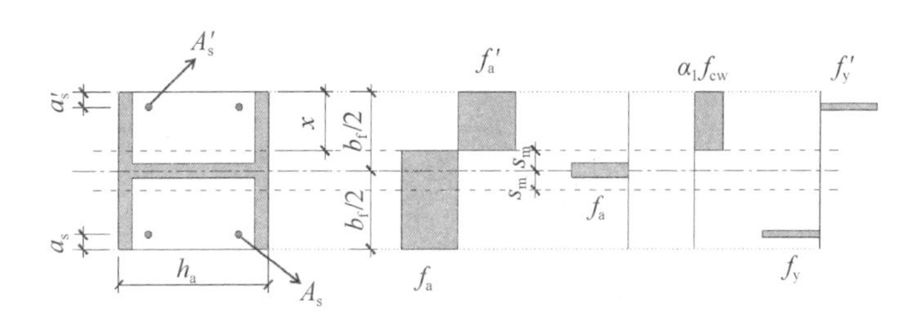

图 6.3.9-6 绕弱轴截面受弯承载力计算的应力分布模式 1 示意

$$M_{uy} = \alpha_1 f_{cw}(h_a - 2t_f)x^2/2 + A'_s f'_y (x - a'_s) + A_s f_y (b_f - x - a_s) + f_a 2t_f x(b_f - x) + f_a[4s_m t_f + t_w(h_a - 2t_f)](b_f/2 - x) \tag{6.3.9-8}$$

$$\alpha_1 f_{cw}(h_a - 2t_f)x + A'_s f'_y - A_s f_y - f_a 4s_m t_f - f_a(h_a - 2t_f)t_w = 0 \tag{6.3.9-9}$$

$$2a'_s \leqslant x \leqslant \xi_b h_0 \tag{6.3.9-10}$$

式中：s_m——计算参数(mm)，取中和轴到截面中心轴的距离；

E_a，h_0——钢材弹性模量(N/mm^2)，受拉钢筋面积重心到受压混凝土边缘的距离(mm)；

2）当 $\alpha_1 f_{cw} h_w (b_f - t_w)/2 < f_a h_a t_w$，塑性中和轴位于主钢件腹板内时(图 6.3.9-7)：

$$M_{uy} = \alpha_1 f_{cw}(h_a - 2t_f)\frac{(b_f - t_w)}{2}\left[x - \frac{(b_f - t_w)}{4}\right] + A'_s f'_y (x - a'_s) + A_s f_y (b_f - x - a_s) + f_a t_f (b_f^2 - t_w^2)/2 + f_a h_a \left(\frac{t_w^2}{4} - s_m{}^2\right) + 2 f_a h_a s_m{}^2 \quad (6.3.9\text{-}11)$$

$$\alpha_1 f_{cw}(h_a - 2t_f)(b_f - t_w)/2 + A'_s f'_y - A_s f_y - 2 f_a h_a s_m = 0 \quad (6.3.9\text{-}12)$$

$$2a'_s \leqslant x \leqslant \xi_b h_0 \quad (6.3.9\text{-}13)$$

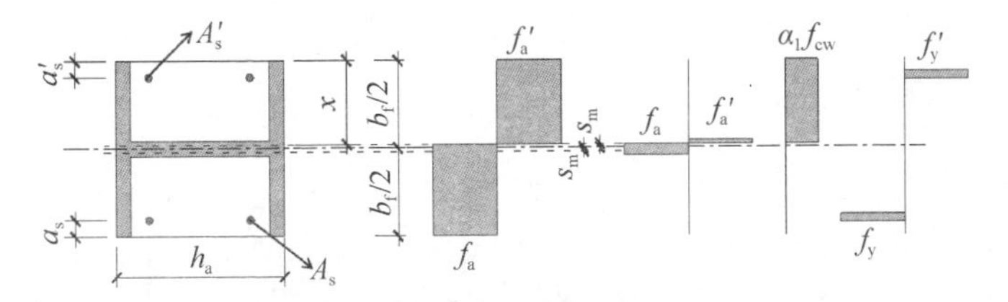

图 6.3.9-7 绕弱轴截面受弯承载力计算的应力分布模式 2 示意

6.3.10 受剪承载力计算应符合下列规定：

1 绕强轴受弯时，受剪承载力应符合下列公式的规定：

持久、短暂设计状况：

$$V \leqslant V_u \quad (6.3.10\text{-}1)$$

地震设计状况：

$$V \leqslant V_u / \gamma_{RE} \quad (6.3.10\text{-}2)$$

$$V_u = A_w f_{av} \quad (6.3.10\text{-}3)$$

式中：V——剪力设计值(N)；

V_u——主钢件受剪承载力设计值(N)；

A_w——主钢件受剪板件(板件宽度平行于剪力方向)的面积(mm^2)(当为H形截面腹板时，取翼缘间的净高和腹板厚度的乘积)；

f_{av}——钢材的抗剪强度设计值(N/mm^2)；

γ_{RE}——柱受剪抗震承载力调整系数，按表5.1.6取值。

2 绕强轴受弯时，若剪力设计值大于$0.5V_u$，则按本标准第6.2.1条计算截面受弯承载力时，主钢件腹板应力强度应乘以调整系数$1-(2V/V_u-1)^2$。

6.3.11 单向压弯构件的整体稳定承载力计算应符合下列规定：

1 单向压弯构件平面内整体稳定应符合下列公式的规定：

持久、短暂设计状况：

$$\frac{N}{\varphi_x N_u}+\frac{\beta_{mx}M_x}{M_{ux}(1-\varphi_x N/N_{Ex})}\leqslant 1 \qquad (6.3.11\text{-}1)$$

地震设计状况：

$$\frac{N}{\varphi_x N_u}+\frac{\beta_{mx}M_x}{M_{ux}(1-\varphi_x N/N_{Ex})}\leqslant 1/\gamma_{RE} \qquad (6.3.11\text{-}2)$$

式中：φ_x——轴心受压构件绕x轴整体稳定系数，应符合本标准第6.3.7条规定；

N_{Ex}——轴心受压构件绕x轴的弹性稳定临界力(N)，按本标准第6.3.12条规定计算；

β_{mx}——等效弯矩系数，按现行国家标准《钢结构设计标准》GB 50017的有关规定计算。

2 单向压弯构件平面外整体稳定应符合下列公式的规定：

持久、短暂设计状况：

$$\frac{N}{\varphi_y N_u}+\frac{\beta_{tx}M_x}{0.85M_{ux}}\leqslant 1 \qquad (6.3.11\text{-}3)$$

地震设计状况：

$$\frac{N}{\varphi_y N_u}+\frac{\beta_{tx} M_x}{0.85 M_{ux}} \leqslant 1/\gamma_{RE} \quad (6.3.11\text{-}4)$$

式中：φ_y——轴心受压构件绕 y 轴整体稳定系数，应符合本标准第 6.3.7 条规定；

β_{tx}——等效弯矩系数，按现行国家标准《钢结构设计标准》GB 50017 的有关规定取值；

γ_{RE}——柱稳定抗震承载力调整系数，按表 5.1.6 取值。

6.3.12 轴心受压构件绕 x 轴的弹性稳定临界力应符合下列公式的规定：

$$N_{Ex}=\frac{\pi^2 (EI)_e}{l_0^2} \quad (6.3.12\text{-}1)$$

$$(EI)_e = E_a I_a + E_s I_s + k_e E_c I_c \quad (6.3.12\text{-}2)$$

式中：l_0——轴心受压构件计算长度(mm)，应符合本标准第 6.3.8 条规定；

$(EI)_e$——构件等效抗弯刚度(N·mm²)；

E_a，E_s，E_c——钢材、钢筋、混凝土的弹性模量(N/mm²)；

I_a，I_s，I_c——柱主钢件、钢筋、混凝土的截面惯性矩(mm⁴)；

k_e——折减系数，取 0.5。

Ⅲ 双向压弯构件承载力计算

6.3.13 双向压弯构件的承载力计算应符合下列规定：

1 截面双向压弯承载力应符合下列公式的规定：

持久、短暂设计状况：

$$\frac{(N_u - N_{mx}) M_x}{(N_u - N) M_{ux}} + \frac{(N_u - N_{my}) M_y}{(N_u - N) M_{uy}} \leqslant 1 \quad (6.3.13\text{-}1)$$

$$\frac{M_x}{M_{ux}}+\frac{M_y}{M_{uy}}\leqslant 1 \tag{6.3.13-2}$$

地震设计状况：

$$\frac{(N_u-N_{mx})M_x}{(N_u-N)M_{ux}}+\frac{(N_u-N_{my})M_y}{(N_u-N)M_{uy}}\leqslant 1/\gamma_{RE} \tag{6.3.13-3}$$

$$\frac{M_x}{M_{ux}}+\frac{M_y}{M_{uy}}\leqslant 1/\gamma_{RE} \tag{6.3.13-4}$$

式中：N——截面上的轴力设计值(N)；

M_x，M_y——绕 x 轴的弯矩设计值，绕 y 轴的弯矩设计值(N·mm)；

N_u——截面受压承载力设计值(N)，应符合本标准第 6.3.3 条的规定；

N_{mx}，N_{my}——针对 x 轴和 y 轴的特征轴力(N)，应符合本标准第 6.3.9 条第 2 款、第 3 款的规定；

M_{ux}，M_{uy}——绕 x 轴和绕 y 轴的受弯承载力设计值(N·mm)，应符合本标准第 6.3.9 条第 4 款、第 5 款的规定；

γ_{RE}——柱偏压抗震承载力调整系数，按表 5.1.6 取值。

2 截面双向受剪承载力应符合下列规定：

1）截面双向受剪承载力计算可仅计入主钢件中平行于剪力方向的板件受力，忽略包覆混凝土和箍筋的作用，对主钢件为单一 H 形钢的截面计算，应符合下列公式的规定：

持久、短暂设计状况：

$$V_y\leqslant V_{uy} \tag{6.3.13-5}$$

$$V_x\leqslant V_{ux} \tag{6.3.13-6}$$

地震设计状况：

$$V_y\leqslant V_{uy}/\gamma_{RE} \tag{6.3.13-7}$$

$$V_x \leqslant V_{ux}/\gamma_{RE} \tag{6.3.13-8}$$

$$V_{uy} = A_{aw} f_{av} \tag{6.3.13-9}$$

$$V_{ux} = 2A_{af} f_{av} \tag{6.3.13-10}$$

式中：V_x，V_y——截面上沿 x 轴（主钢件翼缘板面方向）和 y 轴（主钢件腹板面方向）的剪力设计值（N）；

V_{ux}，V_{uy}——截面上沿 x 轴（主钢件翼缘板面方向）和 y 轴（主钢件腹板面方向）的受剪承载力设计值（N）；

A_{af}，A_{aw}——主钢件一个翼缘的面积、腹板的面积（取翼缘间的净高计算）（mm^2）；

f_{av}——钢材的抗剪强度设计值（N/mm^2），当翼缘与腹板的钢材牌号不同时，分别取对应的抗剪强度设计值；

γ_{RE}——柱受剪抗震承载力调整系数，按表 5.1.6 取值。

2）若 V_y 大于 $0.5V_{uy}$ 或 V_x 大于 $0.1V_{ux}$，则采用本标准第 6.3.9 条第 4 款、第 5 款计算截面压弯时的受弯承载力（M_{ux}，M_{uy}）应分别乘以应力强度调整系数 $1-(2V_y/V_{uy}-1)^2$、$1-(2V_x/V_{ux}-1)^2$。

6.3.14 双向压弯构件的整体稳定承载力计算应符合下列公式的规定：

持久、短暂设计状况：

$$\frac{N}{\varphi_x N_u} + \frac{\beta_{mx} M_x}{M_{ux}(1-\varphi_x N/N_{Ex})} + \frac{\beta_{ty} M_y}{0.85 M_{uy}} \leqslant 1 \tag{6.3.14-1}$$

$$\frac{N}{\varphi_y N_u} + \frac{\beta_{tx} M_x}{0.85 M_{ux}} + \frac{\beta_{my} M_y}{M_{uy}(1-\varphi_y N/N_{Ey})} \leqslant 1 \tag{6.3.14-2}$$

地震设计状况：

$$\frac{N}{\varphi_x N_u}+\frac{\beta_{mx}M_x}{M_{ux}(1-\varphi_x N/N_{Ex})}+\frac{\beta_{ty}M_y}{0.85M_{uy}}\leqslant 1/\gamma_{RE}$$

（6.3.14-3）

$$\frac{N}{\varphi_y N_u}+\frac{\beta_{tx}M_x}{0.85M_{ux}}+\frac{\beta_{my}M_y}{M_{uy}(1-\varphi_y N/N_{Ey})}\leqslant 1/\gamma_{RE}$$

（6.3.14-4）

式中：φ_x，φ_y——轴心受压构件整体稳定系数，应符合本标准第6.3.7条的规定；

N_{Ex}，N_{Ey}——弹性稳定临界力（N），N_{Ex} 应符合本标准第6.3.12条规定，计算 N_{Ey} 时取弱轴方向的计算长度和等效抗弯刚度作相应代换；

β_{mx}，β_{my}——绕 x 轴或 y 轴单向压弯时的弯矩等效系数，应符合现行国家标准《钢结构设计标准》GB 50017的有关规定；

β_{tx}，β_{ty}——绕 x 轴或 y 轴单向压弯时的平面外稳定弯矩等效系数，应符合现行国家标准《钢结构设计标准》GB 50017的有关规定；

γ_{RE}——柱稳定抗震承载力调整系数，按表5.1.6取值。

6.4 计算及构造

Ⅰ 梁计算及构造

6.4.1 部分包覆钢-混凝土组合框架梁端部剪力设计值计算应符合下列规定：

1 一级抗震等级的框架结构应按下式计算：

$$V_b=1.1\frac{(M_{bua}^l+M_{bua}^r)}{l_n}+V_{Gb} \qquad (6.4.1\text{-}1)$$

2 除本条第 1 款以外的其他情况，应按下式计算：

一级抗震等级 $$V_b = 1.2\frac{(M_b^l + M_b^r)}{l_n} + V_{Gb} \quad (6.4.1\text{-}2)$$

二级抗震等级 $$V_b = 1.1\frac{(M_b^l + M_b^r)}{l_n} + V_{Gb} \quad (6.4.1\text{-}3)$$

三级抗震等级 $$V_b = 1.05\frac{(M_b^l + M_b^r)}{l_n} + V_{Gb} \quad (6.4.1\text{-}4)$$

四级抗震等级，取地震组合的剪力设计值。

式中：M_{bua}^l，M_{bua}^r——框架梁左、右端顺时针或逆时针方向按主钢件面积和实配钢筋面积（计入梁纵向钢筋及框架梁有效翼缘宽度范围内的楼板钢筋，当上述钢筋未能可靠锚固时则不计）、材料强度标准值且计入承载力抗震调整系数的正截面受弯承载力所对应的弯矩值（N·mm），取二者中的较大值。框架梁有效翼缘宽度取值应符合本标准第 6.1.4 条的规定。

M_b^l，M_b^r——地震组合的框架梁左、右端顺时针或逆时针方向弯矩设计值（N·mm），取二者中的较大值。对一级抗震等级框架，两端弯矩均为负弯矩时，绝对值较小的弯矩应取 0。

V_b——框架梁剪力设计值（N）。

V_{Gb}——重力荷载代表值产生的剪力设计值（N），可按简支梁计算确定。

l_n——框架梁的净跨（mm）。

6.4.2 框架梁主钢件的腹板高度大于 450 mm 时，沿梁两侧高度方向应设置纵向构造钢筋。纵向构造钢筋的间距不宜大于 200 mm；每侧纵向构造钢筋面积不应小于混凝土面积 A_c 的 0.1%，$A_c=(b_c-t_w)h_w$。

6.4.3 框架梁配置箍筋时应符合下列规定：

1 梁端应设置箍筋加密区，加密区的长度、加密区箍筋最大间距和箍筋最小直径应符合表6.4.3的规定。

表6.4.3 梁加密区长度、箍筋最大间距和箍筋最小直径(mm)

抗震等级	截面分类	箍筋加密区长度	加密区箍筋最大间距	箍筋最小直径
一级	1	$1.0h_a$	150	10
二级	1	$1.0h_a$	200	8
	2	$1.5h_a$	150	8
三级	1	$1.0h_a$	200	6
	2	$1.5h_a$	200	8
四级	1	$1.0h_a$	200	6
	2	$1.0h_a$	200	8
	3	$1.5h_a$	150	8

注：1 h_a为梁主钢件高。

2 当梁跨度小于梁主钢件截面高度的4倍时，梁全跨应按箍筋加密区配置。

2 非加密区的箍筋直径宜与加密区相同，间距不宜大于加密区箍筋间距的2倍且不应大于300 mm。

3 非抗震设计时，箍筋直径不应小于6 mm，箍筋间距不应大于300 mm。

6.4.4 框架梁配置连杆时应符合下列规定：

1 厚实型截面梁端连杆加密区长度、加密区连杆最大间距和最小直径应符合表6.4.3的规定。扁钢连杆面积可按最小直径面积等效。

2 薄柔型截面梁端连杆加密区长度应取表6.4.3中箍筋加密区长度和梁跨度的1/6中的较大值；加密区连杆最大间距和最小直径应符合表6.4.3的规定。扁钢连杆面积可按最小直径的圆面积等效。

3 薄柔型截面梁端连杆加密区的连杆间距尚应使主钢件翼

缘宽厚比满足本标准第 5.2.5 条截面分类的规定，垂直于主钢件翼缘平面的连杆面积应符合下式的规定：

$$A_1 \geqslant 0.14 t_f^2 \varepsilon_k \frac{f_{ay}}{f_{ly}} \qquad (6.4.4\text{-}1)$$

式中：A_1——连杆面积(mm^2)；

t_f——连杆拉结的主钢件翼缘厚度(mm)；

ε_k——主钢件翼缘的钢号修正系数；

f_{ay}，f_{ly}——主钢件翼缘钢材和连杆钢材的屈服强度(N/mm^2)。

4 按本条第 2 款设置的连杆，连杆与主钢件翼缘连接的焊缝承载力设计值应符合下式的规定：

$$N_{Lw} \geqslant 0.1 t_f^2 \varepsilon_k f_{ay} \qquad (6.4.4\text{-}2)$$

式中：N_{Lw}——连杆焊缝承载力设计值(N)。

5 非加密区的连杆面积宜与加密区相同，连杆间距不宜大于加密区间距的 2 倍和主钢件翼缘全宽的 1.5 倍及 300 mm 三者中的较小值。

6 非抗震设计时，连杆直径不应小于 6 mm，箍筋间距不应大于 300 mm。

6.4.5 包覆混凝土中纵向受力钢筋不宜超过 2 排，净距不宜小于 25 mm 和 1.5d 的较大值(d 为纵筋的最大直径)。单侧纵向钢筋配筋率不应小于 0.2%。

6.4.6 梁的受拉钢筋可在端部和连接钢板焊接，也可通过可焊接机械连接套筒连接(图 6.4.6)，并应符合现行行业标准《组合结构设计规范》JGJ 138 的有关规定。

6.4.7 翼板抗剪连接件的设置应符合下列规定：

1 焊钉连接件钉头下表面或槽钢连接件上翼缘下表面高出翼板底部钢筋顶面不宜小于 30 mm。

2 连接件沿梁跨度方向的最大间距不应大于混凝土翼板及板托厚度的 3 倍，且不大于 300 mm。

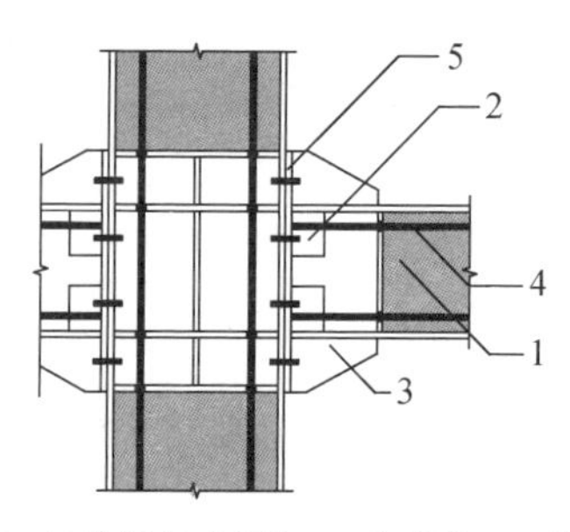

1—包覆混凝土；2—连接钢板或套筒；3—加劲肋；4—纵向钢筋；5—端板

图 6.4.6　受拉钢筋端部连接构造示意

3　连接件的外侧边缘与梁主钢件翼缘边缘之间的距离不应小于 20 mm。

4　连接件的外侧边缘至混凝土翼板边缘间的距离不应小于 100 mm。

5　连接件顶面的混凝土保护层厚度不应小于 15 mm。

6.4.8　焊钉连接件尚应符合下列规定：

1　当焊钉位置不正对梁主钢件腹板时，若梁主钢件上翼缘承受拉力，则焊钉钉杆直径不应大于梁主钢件上翼缘厚度的 1.5 倍；若梁主钢件上翼缘不承受拉力，则焊钉钉杆直径不应大于梁主钢件上翼缘厚度的 2.5 倍。

2　焊钉长度不应小于杆径的 4 倍。

3　焊钉沿梁轴线方向的间距不应小于杆径的 6 倍；布置多排焊钉时，垂直于梁轴线方向的间距不应小于杆径的 4 倍。

4　用压型钢板作底模的组合梁，混凝土凸肋的最小宽度不应小于 50 mm，焊钉的高度不应小于 $(h_e + 2d)$ mm，d 为焊钉杆的直径，h_e 为混凝土凸肋高度。

6.4.9　槽钢连接件宜采用 Q235 钢，截面不宜大于槽钢[12.6。

Ⅱ　柱计算及构造

6.4.10　抗震设计时，框架柱的轴压比(n)应按下式计算，且不宜大于表 6.4.10 规定的限值：

$$n=\frac{N}{f_{c}A_{c}+f_{a}A_{a}} \tag{6.4.10}$$

式中：N——地震组合下框架柱承受的最大轴压力设计值(N)；

A_c——框架柱混凝土的截面面积(mm^2)；

A_a——框架柱主钢件的截面面积(mm^2)。

表 6.4.10　框架柱的轴压比限值

结构类型	柱类型	抗震等级			
		一级	二级	三级	四级
框架结构、框架-支撑结构	框架柱	0.65	0.75	0.85	0.90
框架-剪力墙结构	框架柱	0.70	0.80	0.90	0.95
框架-核心筒结构	框架柱	0.70	0.80	0.90	—

注：1　剪跨比不大于 2 的柱的轴压比限值应比表中限值减小 0.05。

2　当混凝土强度等级采用 C65 或 C70 时，轴压比限值应比表中限值减小 0.05。

3　“—”表示不采用。

6.4.11　采用地震组合计算的框架节点上、下柱端内力设计值应符合下列规定：

1　节点上、下柱端的弯矩设计值应符合下列规定：

1）框架结构应按下列公式计算：

一级抗震等级　$$\sum M_{c}=1.2\sum M_{bua} \tag{6.4.11-1}$$

二级抗震等级　$$\sum M_{c}=1.5\sum M_{b} \tag{6.4.11-2}$$

三级抗震等级　$$\sum M_{c}=1.3\sum M_{b} \tag{6.4.11-3}$$

四级抗震等级　$$\sum M_{c}=1.2\sum M_{b} \tag{6.4.11-4}$$

2）其他结构类型中的框架应按下列公式计算：

一级抗震等级　$$\sum M_{c}=1.4\sum M_{b} \tag{6.4.11-5}$$

二级抗震等级 $\sum M_{c}=1.2\sum M_{b}$ (6.4.11-6)

三、四级抗震等级 $\sum M_{c}=1.1\sum M_{b}$ (6.4.11-7)

式中：$\sum M_{c}$ ——采用地震组合计算的节点上、下柱端的弯矩设计值之和(N·mm)，柱端弯矩设计值可取调整后的弯矩设计值之和按弹性分析的弯矩比例进行分配；

$\sum M_{bua}$ ——同一节点左、右梁端按顺时针和逆时针方向采用实配钢筋(计入梁纵向钢筋及框架梁有效翼缘宽度范围内的楼板钢筋，若上述钢筋未能可靠锚固则不计)和实配主钢件截面面积、材料强度标准值，且计入承载力抗震调整系数的正截面受弯承载力之和的较大值(N·mm)；

$\sum M_{b}$ ——同一节点左、右梁端按顺时针和逆时针方向地震组合计算的两端弯矩设计值之和的较大值(N·mm)，一级抗震等级，当两端弯矩均为负弯矩时，绝对值较小的弯矩值应取0。

2 按地震组合的框架结构底层柱下端截面的弯矩设计值，对一、二、三、四级抗震等级应分别乘以弯矩增大系数1.7、1.5、1.3和1.2。底层柱纵向钢筋宜按上、下端的不利情况配置。

3 顶层柱、轴压比小于0.15的柱，柱端弯矩设计值可取地震组合下的弯矩设计值。

4 节点上、下柱端的轴向力设计值，应取地震组合下各自的轴向力设计值。

6.4.12 按地震组合计算的框架柱的剪力设计值应符合下列规定：

1 框架结构应按下列公式计算：

一级抗震等级 $V_{c}=1.2\frac{(M_{cua}^{t}+M_{cua}^{b})}{H_{n}}$ (6.4.12-1)

二级抗震等级 $V_{c}=1.2\frac{(M_{c}^{t}+M_{c}^{b})}{H_{n}}$ (6.4.12-2)

三级抗震等级 $V_{c}=1.1\frac{(M_{c}^{t}+M_{c}^{b})}{H_{n}}$ (6.4.12-3)

四级抗震等级 $V_{c}=1.05\frac{(M_{c}^{t}+M_{c}^{b})}{H_{n}}$ (6.4.12-4)

2 其他各类框架结构应按下列公式计算：

一级抗震等级 $V_{c}=1.3\frac{(M_{c}^{t}+M_{c}^{b})}{H_{n}}$ (6.4.12-5)

二级抗震等级 $V_{c}=1.1\frac{(M_{c}^{t}+M_{c}^{b})}{H_{n}}$ (6.4.12-6)

三、四级抗震等级 $V_{c}=1.05\frac{(M_{c}^{t}+M_{c}^{b})}{H_{n}}$ (6.4.12-7)

式中： V_{c}——框架柱剪力设计值(N)；

M_{cua}^{t}，M_{cua}^{b}——框架柱上、下端顺时针或逆时针方向按实配钢筋(但不计柱端未能有效锚固的钢筋)和主钢件截面面积、材料强度标准值，且计入承载力抗震调整系数的正截面受弯承载力所对应的弯矩值(N·mm)，取二者中的较大值；

M_{c}^{t}，M_{c}^{b}——按地震组合，且经调整后的柱上、下端弯矩设计值(N·mm)，取二者中的较大值；

H_{n}——框架柱的净高(mm)。

6.4.13 框架柱配置箍筋时应符合下列规定：

1 按地震组合设计的框架柱应设置箍筋加密区。加密区的箍筋最大间距和最小直径应符合表6.4.13的规定。

表 6.4.13 加密区箍筋最大间距和最小直径(mm)

抗震等级	截面分类	加密区箍筋最大间距	箍筋最小直径
一级	1	150	10
二级	1	200	8
	2	150(柱根 100)	8
三级	1	200	8
	2	150(柱根 100)	8
四级	1	200	6
	2	200(柱根 150)	8
	3	150(柱根 100)	8

注:1 柱根指地下室的顶面或无地下室的基础顶面箍筋加密区。
2 箍筋宜采用封闭箍或与主钢件焊接。

2 非加密区的箍筋直径宜与加密区相同,间距不宜大于加密区箍筋间距的 2 倍且不应大于 300 mm。

3 非抗震设计时,箍筋直径不应小于 6 mm,箍筋间距不应大于 300 mm。

6.4.14 框架柱配置连杆时应符合下列规定:

1 厚实型截面和薄柔型截面柱端加密区连杆最大间距和最小直径应符合本标准第 6.4.13 条表 6.4.13 的规定。扁钢连杆面积可按最小直径的圆面积等效。

2 薄柔型截面柱连杆间距尚应使主钢件翼缘宽厚比符合本标准第 5.2.5 条截面分类的规定,垂直于主钢件翼缘平面的连杆面积及焊缝承载力设计值应符合本标准第 6.4.4 条第 3 款、第 4 款的规定。

3 非加密区的连杆面积宜与加密区相同,连杆间距不宜大于加密区间距的 2 倍、主钢件翼缘全宽的 1.5 倍及 300 mm 三者中的较小值。

4 非抗震设计时,连杆直径不应小于 6 mm,箍筋间距不应大于 300 mm。

6.4.15 按地震作用组合设计的部分包覆钢-混凝土组合框架柱的箍筋或连杆加密区应为下列范围：

1 柱上、下两端，取截面长边长度、柱净高的 1/6 和 500 mm 的最大值。

2 底层柱的下端不小于 1/3 柱净高的范围。

3 刚性地面上、下各 500 mm 的范围。

4 剪跨比不大于 2 的柱、一级和二级框架角柱的全高范围。

6.4.16 按地震组合设计的部分包覆钢-混凝土组合框架柱配置箍筋或连杆时，箍筋或连杆加密区体积配箍率应符合下列规定：

1 当采用箍筋时应符合下式规定：

$$\rho_v \geqslant 0.7\lambda_v \frac{f_c}{f_{yv}} \tag{6.4.16-1}$$

2 当采用连杆时应符合下式规定：

$$\rho_v \geqslant 0.6\lambda_v \frac{f_c}{f_{yv}} \tag{6.4.16-2}$$

式中：ρ_v——框架柱箍筋加密区的相应体积配箍率；

f_c——混凝土轴心抗压强度设计值（N/mm²），当强度等级低于 C35 时，按 C35 取值；

f_{yv}——箍筋的抗拉强度设计值（N/mm²）；

λ_v——箍筋的最小配筋特征值，按表 6.4.16 采用。

表 6.4.16 部分包覆钢-混凝土组合框架柱箍筋加密区箍筋和连杆最小配筋特征值 λ_v

抗震等级	箍筋形式	轴压比							
		≤0.3	0.4	0.5	0.6	0.7	0.8	0.9	0.95
一级	普通箍、连杆	0.10	0.11	0.13	0.15	0.17	—	—	—
	复合箍+栓钉	0.08	0.09	0.11	0.13	0.15	—	—	—
二级	普通箍、连杆	0.08	0.09	0.11	0.13	0.15	0.17	—	—
	复合箍+栓钉	0.06	0.07	0.09	0.11	0.13	0.15	—	—

续表6.4.16

抗震等级	箍筋形式	轴压比							
		≤0.3	0.4	0.5	0.6	0.7	0.8	0.9	0.95
三级	普通箍、连杆	0.06	0.07	0.09	0.11	0.13	0.15	0.17	—
	复合箍+栓钉	0.05	0.06	0.07	0.09	0.11	0.13	0.15	—
四级	普通箍、连杆	0.06	0.07	0.09	0.11	0.13	0.15	0.17	0.19
	复合箍+栓钉	0.05	0.06	0.07	0.09	0.11	0.13	0.15	0.17

注：1 一、二、三、四级抗震等级柱的箍筋加密区的体积配箍率，当采用箍筋时分别不应小于0.8%、0.6%、0.4%和0.4%；当采用连杆时分别不应小于0.6%、0.5%、0.3%和0.3%。

2 当混凝土强度等级高于C60时，如轴压比不大于0.6，柱加密区的最小配筋特征值宜按表中数值增大0.01；如轴压比大于0.6，宜按表中数值增大0.02。

3 扁钢连杆取面积等效的换算直径。

4 "—"表示不采用等于或大于对应的轴压比。

6.4.17 按地震组合设计的框架柱非加密区箍筋体积配箍率不宜小于加密区的1/2。

6.4.18 按地震组合设计的剪跨比不大于2的部分包覆钢-混凝土框架柱，箍筋或连杆间距不应大于100 mm并沿全高加密，体积配箍率不应小于0.8%。

6.4.19 柱的纵向钢筋直径不宜小于10 mm，间距不宜大于250 mm。

7 结构节点设计

7.1 一般规定

7.1.1 节点设计应根据结构的重要性与受力特点、荷载情况和工作环境等因素，选用适当的形式、材料与加工工艺。安装时，构件主钢件之间宜采用部分螺栓连接或全螺栓连接。

7.1.2 节点设计应满足承载能力极限状态要求，防止节点因强度破坏、板件局部失稳、焊缝及其周边开裂等引起的失效。

7.1.3 节点构造应符合结构计算假定，并应传力可靠、减少应力集中。当构件在节点偏心相交时，尚应计入局部弯矩的影响。

7.1.4 梁柱节点核心区和柱拼接区的纵向受力钢筋应连续。梁柱节点的梁端连接区、梁拼接区和主次梁连接区的纵向受力钢筋宜连续传力。拼接区和连接区的填充要求应符合本标准第3.3.4条的规定。

7.1.5 梁柱节点的梁端连接区、梁拼接区和主次梁连接区无混凝土后浇时，主钢件的强度、局部稳定性、刚度、抗震性能和构造措施应符合现行国家标准《钢结构设计标准》GB 50017、《建筑抗震设计规范》GB 50011的有关规定。

7.1.6 节点连接的极限承载力应大于相连构件的屈服承载力，按地震组合设计的连接极限承载力计算应符合现行国家标准《建筑抗震设计规范》GB 50011的有关规定。

7.1.7 构造复杂的重要节点应通过有限元分析确定节点承载力，并宜通过试验进行验证。

7.1.8 节点构造应便于制作、运输、安装和维护。

7.2 梁与柱连接

7.2.1 梁柱连接可采用铰接节点（图 7.2.1-1）或刚接节点（图 7.2.1-2）。铰接节点宜将梁主钢件的腹板与柱的主钢件连接；刚接节点应使梁主钢件的翼缘和腹板均与柱的主钢件连接。梁内主钢件腹板范围内的纵筋在梁端宜连接在梁端板或端部附近的钢挡板上。

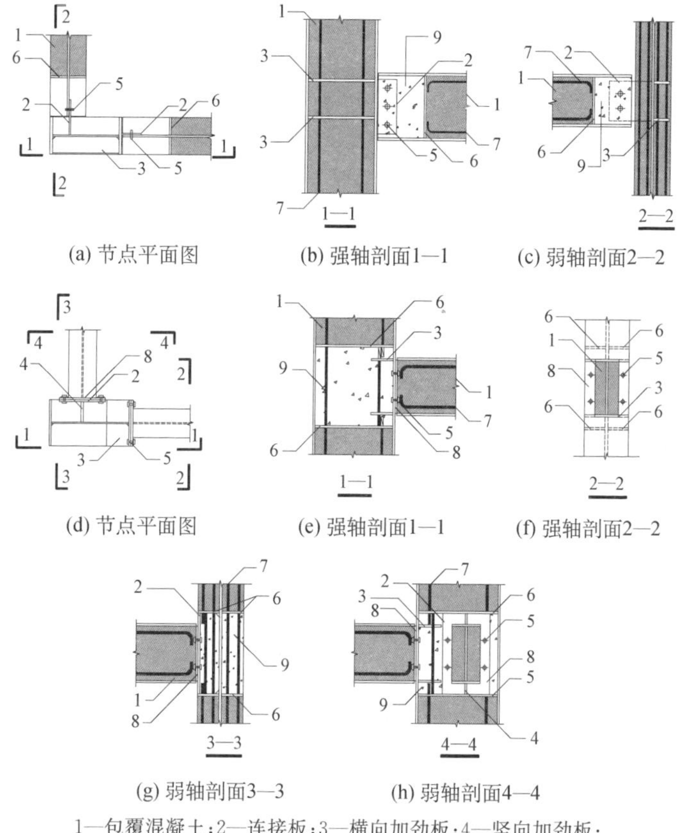

(a) 节点平面图　(b) 强轴剖面1—1　(c) 弱轴剖面2—2

(d) 节点平面图　(e) 强轴剖面1—1　(f) 强轴剖面2—2

(g) 弱轴剖面3—3　(h) 弱轴剖面4—4

1—包覆混凝土；2—连接板；3—横向加劲板；4—竖向加劲板；
5—高强度螺栓；6—挡板；7—纵向钢筋；8—端板；9—后浇混凝土

图 7.2.1-1 梁柱铰接示意

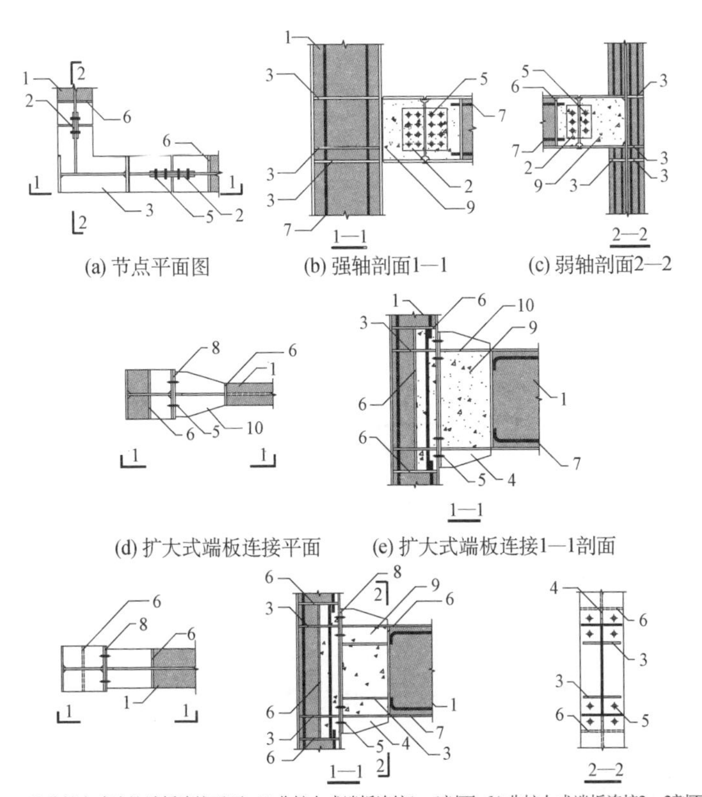

(a) 节点平面图　(b) 强轴剖面1—1　(c) 弱轴剖面2—2

(d) 扩大式端板连接平面　(e) 扩大式端板连接1—1剖面

(f) 非扩大式边柱端板连接平面　(g) 非扩大式端板连接1—1剖面　(h) 非扩大式端板连接2—2剖面

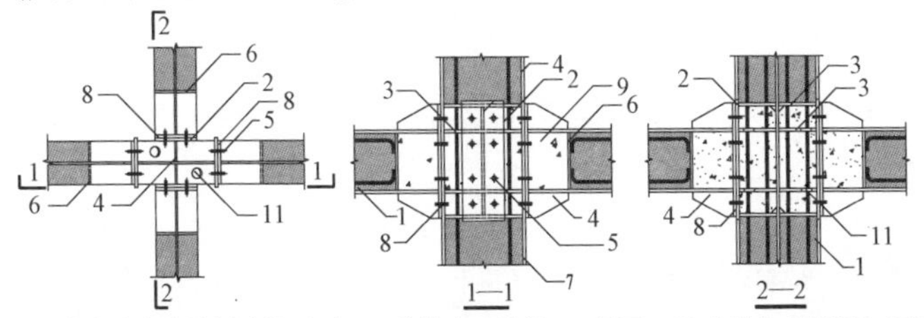

(i) 非扩大式中柱端板连接平面　(j) 非扩大式端板1—1剖面　(k) 非扩大式端板2—2剖面

1—包覆混凝土；2—连接板；3—横向加劲板；4—竖向加劲板；5—高强度螺栓；6—挡板；7—纵向钢筋；8—端板；9—后浇混凝土；10—扩大端；11—灌浆孔

图 7.2.1-2　梁柱刚接示意

7.2.2 梁柱刚接节点承载力设计应包括受弯承载力计算、受剪承载力计算以及节点核心区受剪承载力计算。节点承载力设计值应符合下列规定：

1 全焊连接的节点承载力设计值应符合下列规定：

1） 节点受弯承载力设计值由梁翼缘和腹板与柱连接的焊缝群截面模量和焊缝强度设计值确定，节点受剪承载力由梁腹板与柱连接的焊缝面积和焊缝强度设计值确定。对接焊缝、角焊缝的计算厚度以及焊缝强度设计值应符合现行国家标准《钢结构设计标准》GB 50017 的有关规定。

2） 节点核心区受剪承载力设计值应符合下列公式规定：

设端部连接板的框架梁轴线平行于柱主钢件腹板[图 7.2.2(a)中水平梁]时：

$$V_{ju}=[\sqrt{1-n^2}(h_c-t_{fc})t_{wc}f_{av}+0.3(b_c-t_{wc})(h_c-2t_{fc})f_c]/\gamma_{RE} \tag{7.2.2-1}$$

设端部连接板的框架梁轴线垂直于柱主钢件腹板[图 7.2.2(a)中竖向梁]时：

$$V_{ju}=[2\sqrt{1-n^2}b_c t_{fc}f_{av}+b_c t_{r1}f_{r1v}+0.3(b_{r2}-t_{r1})(b_c-t_{wc})f_c]/\gamma_{RE} \tag{7.2.2-2}$$

无端部连接板的框架梁轴线垂直于柱主钢件腹板[图 7.2.2(b)中竖向梁]时：

$$V_{ju}=[2\sqrt{1-n^2}b_c t_{fc}f_{av}+b_c t_{r1}f_{r1v}+0.1(b_b-t_{r1})(b_c-t_{wc})f_c]/\gamma_{RE} \tag{7.2.2-3}$$

无端部连接板的框架梁轴线垂直于柱主钢件腹板[图 7.2.2(c)中竖向边梁]，且梁与柱轴线偏心矩不大于柱宽的 1/4 时(可计入小于 1/2 边梁宽度范围内的加劲肋作用)：

$$V_{ju}=[\sqrt{1-n^2}b_c t_{fc} f_{av}+b_c t_{r1} f_{r1v}+0.5b_c t_{r2} f_{r2v}+0.1(b_b-t_{fc}-t_{r1})(b_c-t_{wc})f_c]/\gamma_{RE} \quad (7.2.2\text{-}4)$$

式中：V_{ju}——节点核心区受剪承载力设计值(N)；

n——柱子轴压比；

h_c，b_c，t_{fc}，t_{wc}——柱主钢件截面高度、柱包覆混凝土外轮廓宽度、翼缘厚度、腹板厚度(mm)；

f_{av}，f_c——柱主钢件的钢材抗剪强度设计值和混凝土轴心抗压强度设计值(N/mm²)；

b_b，b_{r2}，t_{r1}，t_{r2}——梁宽度、连接板宽度、竖向加劲肋厚度(mm)；

f_{r1v}，f_{r2v}——竖向加劲肋的钢材抗剪强度设计值(N/mm²)；

γ_{RE}——节点域抗震承载力调整系数，按表5.1.6取值。

2 栓焊连接的节点承载力设计值应符合下列规定：

1）节点受弯承载力设计值可由梁主钢件翼缘与柱主钢件连接的焊缝面积和焊缝强度设计值以及梁主钢件腹板与柱主钢件连接的螺栓受剪承载力设计值水平分量形成的弯矩确定；节点连接的受剪承载力设计值由螺栓受剪承载力设计值竖向分量的合力确定。焊缝计算厚度、强度设计值和螺栓承载力设计值应符合现行国家标准《钢结构设计标准》GB 50017的有关规定。

2）节点核心区受剪承载力设计值应按本条第1款式(7.2.2-1)～式(7.2.2-4)计算。

3 端板式高强度螺栓连接的节点承载力设计值应符合下列规定：

1）节点受弯承载力设计值应分别计算端板与梁主钢件的连接焊缝承载力设计值、端板受弯承载力设计值和螺栓群受弯承载力设计值。焊缝承载力设计值计算应符合本条第1款第1项规定；端板受弯承载力设计值和螺栓群受弯承载力设计值应符合现行国家标准《门式刚架轻型房屋钢结构技术规范》GB 51022 的有关规定。受剪承载力设计值由螺栓受剪承载力设计值确定。

2）节点核心区受剪承载力设计值应按本条第 1 款式(7.2.2-1)～式(7.2.2-4)计算。

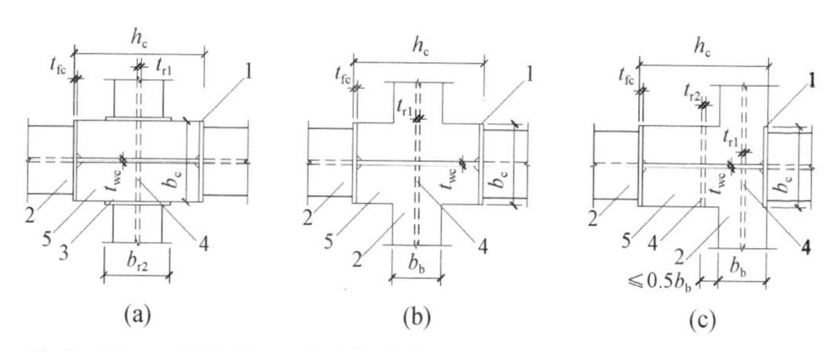

1—柱；2—梁；3—连接板；4—竖向加劲肋；5—柱身横向加劲肋或梁端翼缘扩大板

图 7.2.2 节点区受剪计算参数示意

7.2.3 采用全焊连接或栓焊混合连接的梁柱刚接节点，柱主钢件对应于梁主钢件翼缘部位应设置横向加劲肋，横向加劲肋的厚度不宜小于梁主钢件翼缘厚度，总宽度不宜小于梁主钢件翼缘的宽度，按非支承边计算的板件宽厚比不应超过 $15\varepsilon_k$，横向加劲肋的上表面宜与梁主钢件翼缘的上表面对齐，并应以对接焊缝与柱翼缘连接；当梁主钢件与柱主钢件非翼缘侧连接[图 7.2.1-2(c)、(k)]，即梁轴与柱主钢件腹板平面垂直时，横向加劲肋与柱主钢件腹板的连接宜采用对接焊缝。

7.2.4 端板连接的梁柱刚接节点，端板宜采用外伸式加劲端板。端板的厚度不宜小于螺栓直径。柱主钢件对应于梁主钢件翼缘部位应设置横向加劲肋，横向加劲肋的构造要求应符合本标准第 7.2.3 条的规定。

7.2.5 钢梁与部分包覆钢-混凝土组合柱的节点，可按本节规定进行节点计算和构造设计。

7.2.6 地震组合工况下，框架的梁柱节点按刚性设计且采用高强度螺栓连接时，弹性设计阶段应采用摩擦型连接设计，极限承载力验算可按承压型连接设计。

7.2.7 按地震组合设计的部分包覆钢-混凝土组合柱与部分包覆钢-混凝土组合梁连接节点的剪力设计值应符合下列规定：

1 一级抗震等级的框架结构应按下列公式计算：

顶层中间节点和端节点

$$V_{\mathrm{j}}=1.15\frac{M_{\mathrm{bua}}^{\mathrm{l}}+M_{\mathrm{bua}}^{\mathrm{r}}}{Z}\tag{7.2.7-1}$$

其他层中间节点和端节点

$$V_{\mathrm{j}}=1.15\frac{M_{\mathrm{bua}}^{\mathrm{l}}+M_{\mathrm{bua}}^{\mathrm{r}}}{Z}\left(1-\frac{Z}{H_{\mathrm{c}}-h_{\mathrm{b}}}\right)\tag{7.2.7-2}$$

2 二级抗震等级的框架结构应按下列公式计算：

顶层中间节点和端节点

$$V_{\mathrm{j}}=1.25\frac{M_{\mathrm{b}}^{\mathrm{l}}+M_{\mathrm{b}}^{\mathrm{r}}}{Z}\tag{7.2.7-3}$$

其他层中间节点和端节点

$$V_{\mathrm{j}}=1.25\frac{M_{\mathrm{b}}^{\mathrm{l}}+M_{\mathrm{b}}^{\mathrm{r}}}{Z}\left(1-\frac{Z}{H_{\mathrm{c}}-h_{\mathrm{b}}}\right)\tag{7.2.7-4}$$

3 其他各类框架应符合下列规定：

1）一级抗震等级应按下列公式计算：

顶层中间节点和端节点

$$V_{\mathrm{j}}=1.25\frac{M_{\mathrm{b}}^{\mathrm{l}}+M_{\mathrm{b}}^{\mathrm{r}}}{Z}\tag{7.2.7-5}$$

其他层中间节点和端节点

$$V_{\mathrm{j}}=1.25\frac{M_{\mathrm{b}}^{\mathrm{l}}+M_{\mathrm{b}}^{\mathrm{r}}}{Z}\left(1-\frac{Z}{H_{\mathrm{c}}-h_{\mathrm{b}}}\right)\tag{7.2.7-6}$$

2）二级抗震等级应按下列公式计算：

顶层中间节点和端节点

$$V_{\mathrm{j}}=1.1\frac{M_{\mathrm{b}}^{\mathrm{l}}+M_{\mathrm{b}}^{\mathrm{r}}}{Z} \tag{7.2.7-7}$$

其他层中间节点和端节点

$$V_{\mathrm{j}}=1.1\frac{M_{\mathrm{b}}^{\mathrm{l}}+M_{\mathrm{b}}^{\mathrm{r}}}{Z}\left(1-\frac{Z}{H_{\mathrm{c}}-h_{\mathrm{b}}}\right) \tag{7.2.7-8}$$

式中：V_{j}——框架梁柱节点的剪力设计值(N)；

$M_{\mathrm{bua}}^{\mathrm{l}}$，$M_{\mathrm{bua}}^{\mathrm{r}}$——同一节点左、右梁端按顺时针和逆时针方向采用实配钢筋(计入梁纵向钢筋及框架梁有效翼缘宽度范围内的楼板钢筋，若上述钢筋未能可靠锚固则不计)和实配主钢件截面积、材料强度标准值且计入承载力抗震调整系数的正截面受弯承载力对应的弯矩值(N·mm)；

$M_{\mathrm{b}}^{\mathrm{l}}$，$M_{\mathrm{b}}^{\mathrm{r}}$——节点两侧框架梁的梁端弯矩设计值(N·mm)；

H_{c}——节点上柱和下柱反弯点之间的距离(mm)；

Z——对框架梁，取主钢件上翼缘与梁上部纵向受力钢筋合力点与主钢件下翼缘与梁下部纵向受力钢筋合力点之间的距离(mm)。

7.2.8 框架梁与柱的连接构造应符合下列规定：

1 框架梁与柱刚接节点应符合下列规定：

1）梁主钢件翼缘与柱主钢件翼缘采用焊接连接时，应采用全焊透坡口焊缝，抗震等级为一、二级时，应检验焊缝的V形切口冲击韧性，V形切口的夏比冲击韧性在−20℃时不应低于27 J。

2）柱主钢件的横向加劲肋的强度应与梁主钢件翼缘相同。

3）梁主钢件腹板与柱主钢件的连接板宜采用高强度螺栓摩擦型连接；经工艺试验合格能确保现场施工质量时，

可采用气体保护焊进行焊接;腹板角部应设置焊接孔,焊接孔形应使其端部与梁主钢件翼缘和柱主钢件翼缘间的全焊透坡口焊缝完全隔开。

4) 腹板连接板与柱主钢件的焊接,当板厚不大于 16 mm 时应采用双面角焊缝,焊缝有效厚度应满足等强度要求,且不小于 5 mm;板厚大于 16 mm 时应采用 K 形坡口对接焊缝,焊缝宜采用气体保护焊,且板端应绕焊。

2 悬臂梁段与柱刚接时,应采用全焊接连接。

7.2.9 框架梁柱采用刚性节点时,在梁主钢件翼缘上、下各 500 mm 的范围内,框架柱主钢件翼缘与腹板间的连接焊缝应采用全焊透坡口焊缝。当柱主钢件截面宽度大于 600 mm 时,应在梁主钢件翼缘上、下各 600 mm 的范围内采用全焊透坡口焊缝。

7.3 柱竖向拼接

7.3.1 框架柱现场安装的拼缝位置距下层框架梁顶面上方距离可取 1.3 m 和柱净高一半中的较小值。当柱子截面外包尺寸有变化时,变化过渡段内不宜设置现场拼接接头。

7.3.2 上、下柱拼接接头可采用主钢件栓焊混合连接或全螺栓连接(图 7.3.2)。柱拼接缝两侧的纵向钢筋可采用机械式连接或焊接连接。当采用搭接焊接时,单面焊接长度不应小于 $10d$,且不宜小于 200 mm,双面焊接长度不应小于 $5d$,且不宜小于 100 mm。

7.3.3 拼接连接的计算应符合下列规定:

1 当柱两端的弯矩曲率异号,或柱两端弯矩曲率同号但弯矩相差大于 20%时,拼接连接的承载力设计值不应小于连接处柱的内力设计值的 1.2 倍,且不得小于柱截面承载力设计值的 50%;

2 当柱两端的弯矩曲率同号且弯矩值相差不大于 20%时,拼接连接的承载力设计值不应小于柱的截面承载力设计值。

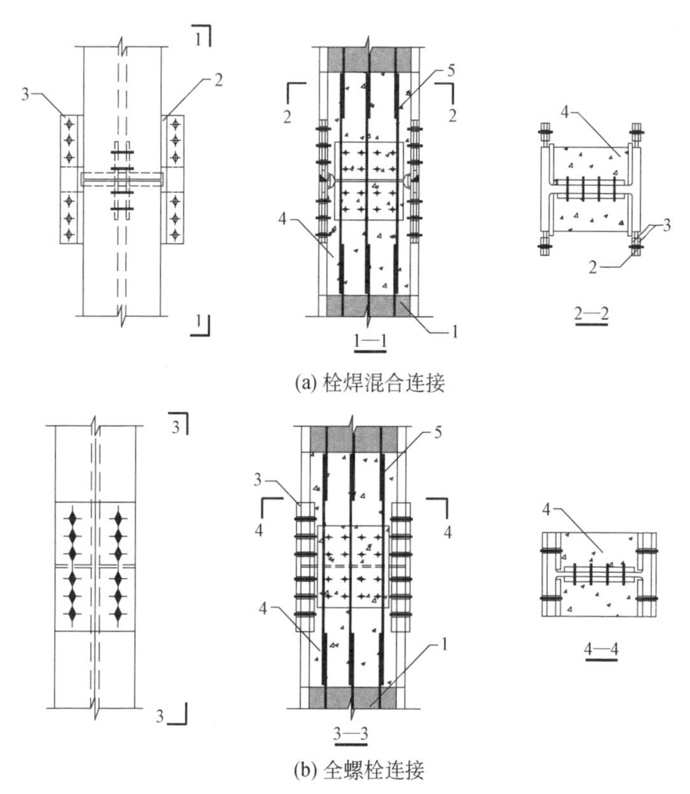

1—预制包覆混凝土;2—耳板;3—连接板;4—后浇混凝土;
5—双面焊 5*d*、单面焊 10*d*(*d* 为纵筋直径)

图 7.3.2 柱拼接连接示意

7.4 梁与梁连接

7.4.1 同轴梁段现场拼接时,主钢件可采用翼缘焊接连接、腹板螺栓连接[图 7.4.1(a)]或翼缘、腹板均为螺栓连接[图 7.4.1(b)]。当采用预制混凝土梁段现场拼接的区域不采取混凝土后浇时,拼接区段应符合本标准第 7.1.5 条、第 7.4.2 条的规定,强度不足时可采用加贴钢板等方式予以加强，并应符合本标准第10章的规定。梁段主钢件宜在连接板外侧设置永久或临时挡板。挡板与腹板连接板间距不宜小于螺栓直径的5倍。

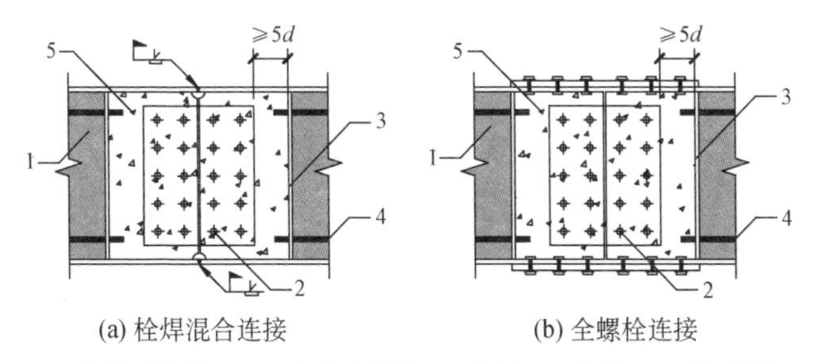

1—预制包覆混凝土；2—高强度螺栓；3—挡板；4—纵筋；5—后浇混凝土

图 7.4.1 梁拼接连接示意

7.4.2 同轴梁段拼接位置应避开受弯较大截面。连接承载力设计值不应小于拼接处梁的内力设计值，且不得小于梁截面承载力设计值的50%。

7.4.3 主次梁连接节点宜采用铰接连接(图7.4.3)，铰接的连接强度计算应符合下列规定：

1 除应计入次梁传递的剪力设计值外，尚宜加入次梁端部弯曲约束产生的弯矩，弯矩设计值可按下式计算：

$$M_j = V_b a \qquad (7.4.3)$$

式中：M_j——主次梁连接的弯矩设计值(N·mm)；

V_b——次梁端部剪力设计值(N)；

a——次梁连接板的合力中心到主梁翼缘侧边的水平距离(mm)。

2 当采用现浇混凝土楼板将主次梁连成整体时，可不计算端部弯曲约束产生的弯矩的影响。

3 连接强度应包括螺栓群强度、连接板与主梁的焊缝强度以及连接板拉剪强度。连接强度设计应符合现行国家标准《钢结构设计标准》GB 50017 的有关规定。

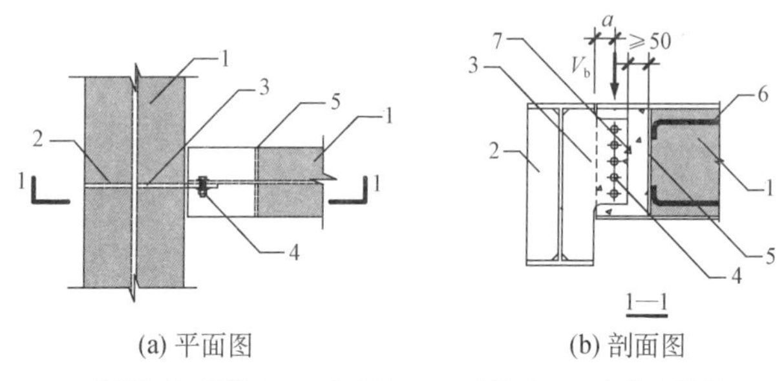

1—预制包覆混凝土；2—加劲板；3—连接板；4—高强度螺栓；5—挡板；6—纵向钢筋；7—后浇混凝土

图 7.4.3　主次梁铰接连接示意

7.5　柱脚连接

7.5.1　柱脚可采用外露式柱脚、外包式柱脚或埋入式柱脚（图7.5.1）。外露式柱脚可用于低层和多层建筑。外包式柱脚可用于有地下室的高层民用建筑。

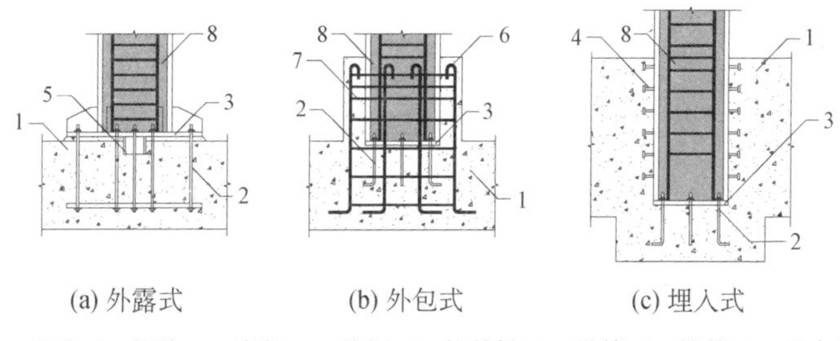

1—基础；2—锚栓；3—底板；4—栓钉；5—抗剪键；6—纵筋；7—箍筋；8—组合柱

图 7.5.1　柱脚构造示意

7.5.2　外露式柱脚应按现行国家标准《钢结构设计标准》GB 50017 有关规定进行计算和构造设计。外包式和埋入式柱脚应按现行行业标准《组合结构设计规范》JGJ 138 的有关规定进行计算和构造设计。设计时轴力、弯矩、剪力应取柱子底部的相应内力设计值。

7.5.3 设计中充分利用钢筋抗拉强度时，应采用有效锚固措施保证柱脚纵向受拉钢筋达到屈服。

7.6 支撑连接

7.6.1 当设置中心支撑时，中心支撑与框架的连接和支撑拼接应按现行行业标准《高层民用建筑钢结构技术规程》JGJ 99 的有关规定进行承载力计算和构造设计。

7.6.2 在由部分包覆钢-混凝土组合柱与钢梁组成的框架-支撑结构中，当设置偏心支撑时，偏心支撑与消能梁段的连接应符合现行行业标准《高层民用建筑钢结构技术规程》JGJ 99 中的构造规定。

8 楼盖结构设计

8.1 一般规定

8.1.1 装配式部分包覆钢-混凝土组合结构体系可选用钢筋桁架楼承板、预制混凝土叠合楼板、预制预应力混凝土叠合楼板等型式。

8.1.2 机房设备层、避难层所在楼层的楼板、屋面宜采用现浇钢筋混凝土楼板；当采用组合楼板或叠合楼板时，楼板的整体性应满足结构受力要求。

8.1.3 当建筑物楼面有大开洞或为转换楼层时，应采用现浇钢筋混凝土楼板，并宜在楼板内设置钢水平支撑。

8.2 楼盖设计

8.2.1 预制混凝土叠合楼板设计应按现行国家标准《装配式混凝土建筑技术标准》GB/T 51231 和现行行业标准《装配式混凝土结构技术规程》JGJ 1 的有关规定执行。钢筋桁架楼承板设计应按现行行业标准《钢筋桁架楼承板》JG/T 368 的有关规定执行。预制预应力混凝土叠合楼板设计应按现行国家标准《叠合板用预应力混凝土底板》GB/T 16727 的有关规定执行，且混凝土空心楼板的体积空心率不宜大于 50%。

8.2.2 楼盖结构应具有适宜的舒适度。楼盖结构的竖向振动频率不宜小于 3 Hz，竖向振动加速度峰值不应大于表 8.2.2 的限值。楼盖结构竖向振动加速度可按现行行业标准《高层建筑混凝土结构技术规程》JGJ 3 和《建筑楼盖结构振动舒适度技术标准》

JGJ/T 441 进行计算。

表 8.2.2 楼盖竖向振动加速度限值

人员活动环境	峰值加速度限值(m/s^2)	
	竖向自振频率不大于 2 Hz	竖向自振频率不小于 4 Hz
住宅、办公	0.07	0.05
商场及室内连廊	0.22	0.15

注:楼盖结构竖向频率为 2 Hz～4 Hz 时,峰值加速度限值可按线性插值选取。

8.2.3 当楼板平面比较狭长、有较大的凹入或开洞时,应在设计中考虑其对结构产生的不利影响。

8.2.4 “卄”字形、“井”字形等外伸长度较大的建筑,当中央部分楼板有较大削弱时,应加强楼板以及连接部位构件的构造措施,必要时可在外伸段凹槽处设置连接梁或连接板。

8.2.5 跨度大于 24 m 的楼盖结构竖向地震作用效应标准值宜采用时程分析方法或振型分解反应谱方法进行计算。时程分析计算时输入的地震加速度最大值可按规定的水平输入最大值的 65%采用,反应谱分析时结构竖向地震影响系数最大值可按水平地震影响系数最大值的 65%采用,但设计地震分组可按第一组采用。

8.2.6 钢筋的保护层厚度应符合现行国家标准《混凝土结构设计规范》GB 50010 的规定。一类环境类别的预制混凝土叠合楼板,普通钢筋的保护层厚度不应小于 15 mm,预制预应力混凝土叠合楼板的预应力筋的保护层厚度不应小于 20 mm,且均应满足防火设计要求。

8.2.7 预制混凝土板在钢梁上的搁置长度不应小于 50 mm。

8.2.8 当房间有防水要求时,房间内楼板与墙板应进行可靠防水处理,并应在构件交界处采取可靠防渗漏措施。

8.3 楼盖构造

8.3.1 楼板与部分包覆钢-混凝土组合竖向构件的无搁置水平

接缝长度大于 200 mm 时，竖向构件和楼板之间应有采取措施保证可靠连接，可采用设置附加钢筋并在交界处作拉毛处理的方式（图 8.3.1），拉毛的凹凸深度不宜小于 6 mm。

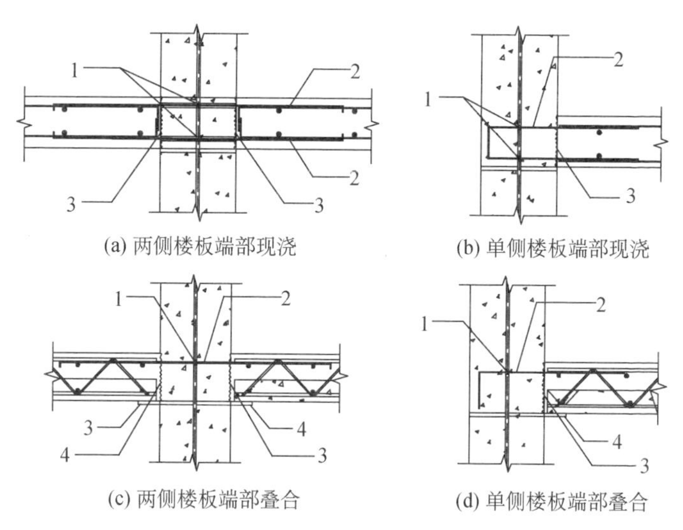

1—腹板开设的圆孔；2—附加钢筋；3—水平拉毛处理；4—加劲板

图 8.3.1 楼板与竖向构件的连接构造示意

8.3.2 对于有坡度的屋面和楼面，预制叠合板在设计时应采取增设预埋件的施工连接措施（图 8.3.2），防止预制混凝土板下滑。

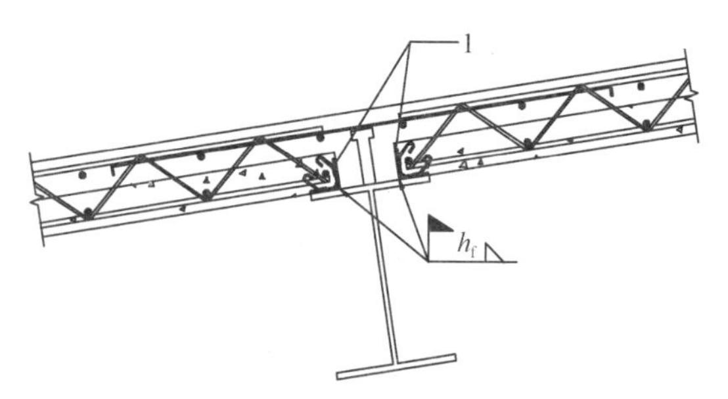

1—叠合板内预埋件；h_f—焊缝高度

图 8.3.2 有坡度的楼面或屋面增设预埋件构造示意

8.3.3 楼板的设计应考虑部分包覆钢-混凝土组合梁后浇节点的混凝土浇筑施工。组合梁后浇节点位置的叠合楼板可设置楔形浇筑口(图 8.3.3),待模板拆除后凿除楔形口内的混凝土。

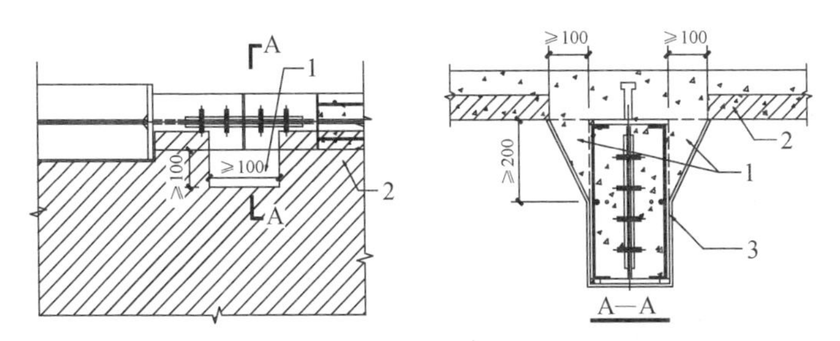

1—楔形浇筑口;2—楼板预制层;3—现场支设的模板

图 8.3.3 组合梁后浇节点位置的叠合楼板构造示意

9 围护系统设计

9.1 一般规定

9.1.1 装配式部分包覆钢-混凝土组合结构建筑应根据建筑物的功能需求和形式设计选择相应的预制外墙体系。

9.1.2 装配式部分包覆钢-混凝土组合结构建筑的外围护系统设计工作年限应根据现行国家标准《建筑结构可靠度设计统一标准》GB 50068 的相关规定，与主体结构设计工作年限相协调。

9.1.3 外围护系统设计应包括下列内容：

1 外围护系统的性能要求。

2 外墙板及屋面板的模数协调要求。

3 屋面结构支承构造节点。

4 外墙连接、接缝及外门窗洞口等构造节点。

5 阳台、空调板、装饰件等连接构造节点。

9.1.4 外围护系统的设计应遵循模数化、标准化的原则，并应符合现行国家标准《建筑模数协调标准》GB/T 50002 的有关规定。

9.1.5 外围护系统的立面设计应考虑建筑功能、结构特性、连接方式、制作工艺、运输及施工安装等因素。

9.1.6 预制外墙与主体结构的连接设计应符合下列规定：

1 具有适应主体结构层间变形的能力。

2 主体结构中连接预制墙板的预埋件、锚固件应能承受预制外墙传递的荷载，连接件与主体结构的锚固承载力设计值应大于连接件的承载力设计值。

9.1.7 装配式部分包覆钢-混凝土组合结构建筑的外墙系统分为内嵌式、外挂式和嵌挂结合式(图 9.1.7)。

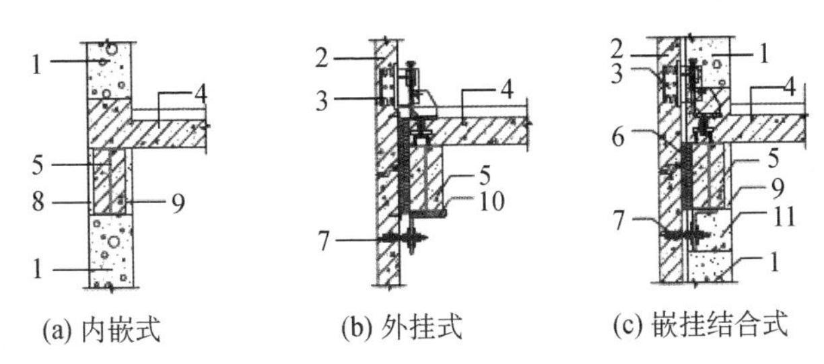

1—砌体外墙；2—预制钢筋混凝土外挂墙板；3—下挂件组；4—楼板；
5—PEC 组合梁结构；6—防火材料封堵；7—上挂件组；8—保温砂浆；
9—抹灰砂浆；10—防火涂料；11—素混凝土

图 9.1.7　外墙系统类型

9.1.8　内嵌式外墙系统设计应满足下列要求：

1　宜采用预制混凝土大板、蒸压加气混凝土条板等装配式墙体和砌块墙体。

2　应与 PEC 竖向构件、水平构件的建筑尺寸以及装修立面相协调。

3　应采用考虑主体结构层间变形的构造设计。

4　顶部、侧部与结构构件宜采用柔性连接，并宜用弹性材料填缝，连接部位应加强断桥构造措施。

5　当主体结构与其他材料在同一平面时，不同材料的交界处应采取粘贴耐碱玻纤网格布聚合物水泥加强措施。

9.1.9　内嵌式外墙板采用蒸压加气混凝土板材时，外墙板的性能、连接设计、构造做法应符合现行行业标准《蒸压加气混凝土建筑应用技术规程》JGJ/T 17 的相关规定。

9.1.10　部分包覆钢-混凝土组合柱与砌体填充墙的连接构造应满足现行国家标准《建筑抗震设计规范》GB 50011 的相关规定，填充墙与主体结构应可靠拉结。

9.1.11　外挂式外墙系统设计应满足下列要求：

1　外挂墙板高度不宜大于一个层高，厚度不宜小于 100 mm。

2　外挂墙板与楼面的接缝构造、层间构造应满足防水、防火、隔声等建筑功能要求。

3 预制混凝土外挂墙板的设计应符合现行行业标准《预制混凝土外挂墙板应用技术标准》JGJ/T 458 的相关规定，其他外挂系统应符合国家、行业和上海市现行有关标准的规定。

9.1.12 预制外挂墙板系统的抗震设计应符合下列规定：

1 在设计风荷载或多遇地震作用下，外挂墙板不得因层间位移而发生塑性变形、板面开裂、零件脱落等损坏。

2 在罕遇地震作用下，外挂墙板不得掉落，应设置可靠的防掉落措施。

9.1.13 嵌挂结合式外墙系统中外挂墙板与内嵌墙板的组合构造应满足与主体结构的连接要求和建筑性能要求。

9.1.14 预制外墙的防火设计应符合现行国家标准《建筑设计防火规范》GB 50016 的相关规定，并应符合下列要求：

1 预制外墙与主体结构连接时，其金属连接件及墙板内侧与主体结构的调整间隙应采用防火封堵材料进行封堵，防火封堵材料的耐火极限不应低于现行国家标准《建筑设计防火规范》GB 50016 中楼板的耐火极限要求。

2 预制外墙防火性能应按非承重外墙的要求执行，当夹芯保温材料的燃烧性能等级为 B1 时，内、外叶墙板应采用不燃烧材料且厚度均不应小于 50 mm。

9.2 预制外墙设计

9.2.1 外挂墙板与主体结构的连接应符合下列规定：

1 连接节点在保证主体结构整体受力的前提下，应牢固可靠、受力明确、传力简捷和构造合理。

2 连接节点应具有足够的承载力。在承载力极限状态下，连接节点不应发生破坏；当单个连接节点失效时，外墙板不应掉落。

3 连接部位应采用柔性连接，连接节点应具有适应主体结构变形的能力。

4 节点设计应便于工厂加工、现场安装就位和调整。

5 连接件的耐久性应满足设计工作年限要求。

9.2.2 当外挂墙板与主体结构采用柔性的点支承连接时，应符合下列要求：

1 面外连接点不应少于4个，竖向承重连接点不宜少于2个。

2 外挂墙板承重节点验算时，计算选取的承重连接点不应多于2个。

3 外挂墙板与主体结构及楼板周围应预留不小于30 mm的调整缝隙。

9.2.3 预制外挂墙板的接缝设计要求应符合现行行业标准《预制混凝土外挂墙板应用技术标准》JGJ/T 458的相关规定。

9.2.4 预制外挂墙板与主体结构的连接件设计除应满足结构设计要求外，还应满足外挂墙板构造尺寸变形控制要求。

9.2.5 与预制外挂墙板连接的主体结构梁应进行可靠的抗扭设计或采取可靠的抗扭措施。

9.2.6 预制外挂墙板与楼地面连接时，应满足主体结构的性能及施工条件的要求，封堵构造的耐火极限不得低于墙体的耐火极限，封堵材料在耐火极限内不得脱落。

9.2.7 预制外挂墙板与屋面系统的连接部位，应在外挂墙板内侧设置女儿墙墙体，并与墙体间有可靠的防水密封措施(图9.2.7)。

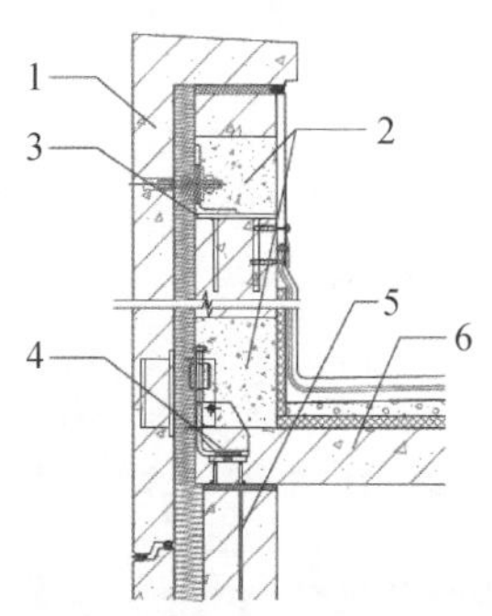

1—带压顶转角的预制钢筋混凝土外墙板；2—现浇钢筋混凝土；3—下挂件组；4—上挂件组；5—PEC组合结构梁；6—屋面板

图9.2.7 外挂墙板女儿墙位置连接构造示意

10 结构防火与防腐

10.1 防火保护

10.1.1 PEC构件的设计耐火极限应根据建筑的耐火等级，按现行国家标准《建筑设计防火规范》GB 50016的有关规定确定。

10.1.2 PEC构件防火保护设计应符合现行国家标准《建筑钢结构防火技术规范》GB 51249的有关规定。对构件进行防火保护设计时，可利用主钢件上包覆混凝土的防火保护作用。

10.1.3 PEC构件的耐火性能不满足要求时，应对构件裸露的主钢件部分进行防火保护(图10.1.3)，并有一定的延长包覆长度。防火保护层的材料及构造应符合下列规定：

1 设计依据的工作环境条件下应具有良好的耐久、耐候性能。

2 火灾下应保持完整，不开裂、不脱落。

3 应能够适应被保护构件在火灾下的变形。

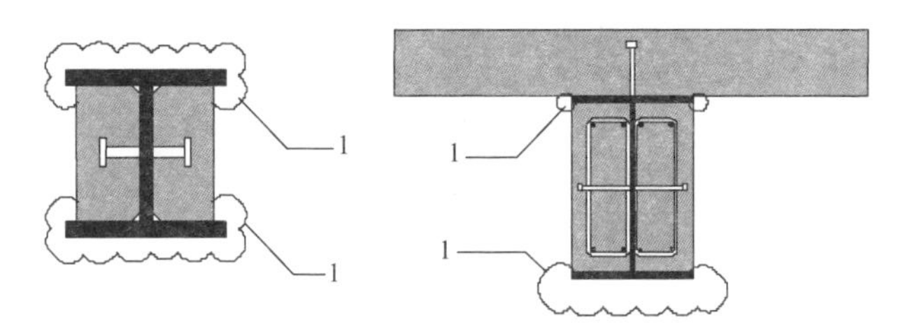

1—需做防火保护的外露面

图10.1.3 需防火保护的主钢件裸露区域示意

10.1.4 PEC构件的防火保护可采用下列措施之一或其中几种的组合：

1 喷涂或抹涂防火涂料。

2 包覆防火板。

3 包覆柔性毡状隔热材料。

4 外包混凝土、金属网抹砂浆或砌块。

5 通过现浇楼板混凝土下沉或局部下沉来包裹 T 形 PEC 梁主钢件上翼缘。

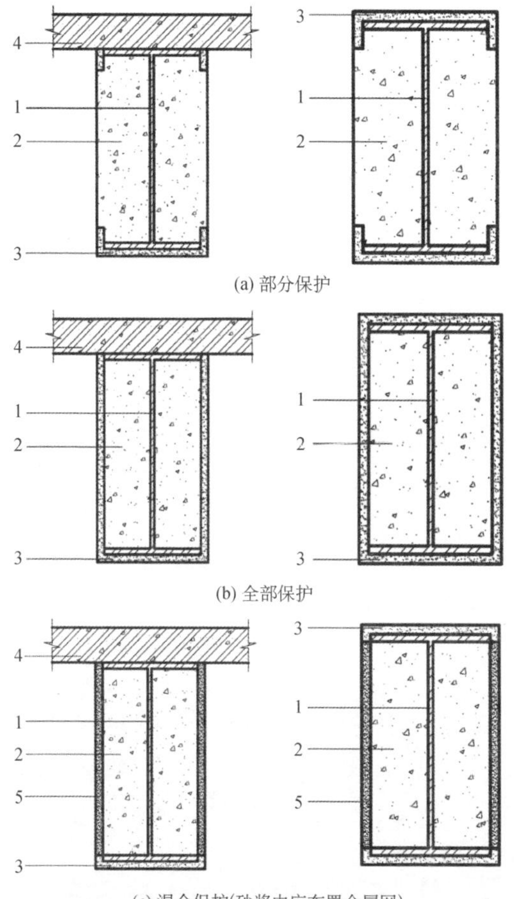

1—主钢件；2—混凝土；3—防火涂料；4—楼板；5—砂浆

图 10.1.4 PEC 构件防火保护构造示意

10.1.5 防火保护材料供应商应提供材料的等效热传导系数或等效热阻、比热和密度等性能参数，并应提供证明材料。

10.2 防腐保护

10.2.1 装配式部分包覆钢-混凝土组合结构中的主钢件防腐蚀设计应符合现行国家标准《工业建筑防腐蚀设计规范》GB 50046、《钢结构设计标准》GB 50017 等的规定，并应综合考虑结构重要性、所处腐蚀介质环境、涂装涂层使用年限要求和维护条件等要素，并在全寿命周期成本分析的基础上，选用良好性价比的长效防腐蚀涂装措施和合理配套的复合涂层方案。

10.2.2 主钢件的除锈和防腐涂装工作应在其制作质量检验、检测合格并完成连杆焊接后方可进行，并应符合现行国家标准《钢结构工程施工规范》GB 50755、《钢结构工程施工质量验收标准》GB 50205 等的规定。

10.2.3 主钢件除锈宜在室内进行，钢材表面除锈方法和除锈等级应满足设计要求，工厂中被混凝土包覆的部位应除去浮锈。

10.2.4 主钢件除锈后除端部节点区域外，非混凝土包覆的部位应进行防腐涂装，防腐涂装部位的防腐涂料品种和厚度应满足设计文件要求，涂装工艺应符合现行国家标准《钢结构工程施工规范》GB 50755 及涂料产品说明书的有关规定，节点区应做好有效保护措施。

10.2.5 当部分包覆钢-混凝土组合构件中的混凝土采取现场预制时，主钢件出厂前混凝土包覆的部位宜进行底漆涂装或采取其他防锈蚀措施。

10.2.6 进行主钢件中混凝土施工时，应做好成品保护，避免对主钢件外露部分涂层面的污染和损伤。对污染和损伤部位，必须进行清理和涂层修复。

10.2.7 柱脚在地面以下的部分应采用强度等级较低的混凝土

包裹，保护层厚度不应小于 50 mm，包裹的混凝土高出室外地面不应小于 150 mm，室内地面不应小于 50 mm，并宜采取措施防止水分残留。

10.2.8 构件油漆补涂应符合下列规定：

1 表面涂有工厂底漆的构件，因焊接、火焰校正、暴晒和擦伤等原因造成重新锈蚀或附有白锌盐时，应经表面处理后再按原涂装规定进行补漆。

2 运输、安装过程的涂层碰损、焊接烧伤等，应根据原涂装规定进行补涂。

11　制作安装

11.1　一般规定

11.1.1　构件加工前，应具有加工制作的深化图纸。深化图中应明确各类构件的节点位置和构造形式。

11.1.2　构件组装前，组装人员应熟悉构件加工图、组装工艺及有关技术文件的要求，应检查并确认组装用的零部件的材质、规格、外观、尺寸、数量等是否满足要求。

11.1.3　构件组装的尺寸偏差应符合设计文件和现行国家标准《钢结构工程施工质量验收标准》GB 50205 的有关规定。

11.1.4　部分包覆钢-混凝土组合构件的翼缘和腹板开孔应在工厂完成。

11.2　制　作

11.2.1　部分包覆钢-混凝土组合构件的钢结构部分的制作应符合现行国家标准《钢结构工程施工规范》GB 50755 及《钢结构工程施工质量验收标准》GB 50205 的有关规定。

11.2.2　部分包覆钢-混凝土组合构件的混凝土部分的制作应符合现行国家标准《混凝土结构工程施工规范》GB 50666 及《装配式混凝土建筑技术标准》GB/T 51231 的有关规定。

11.2.3　部分包覆钢-混凝土组合构件中的混凝土部分的制作宜采取工厂或现场专用预制场地方式生产。

11.2.4　部分包覆钢-混凝土组合构件中预制混凝土浇筑可采取双面或多面分次浇筑成型以及双面或多面一次浇筑成型的方式。

采取一次浇筑成型的方式时，混凝土应振捣密实，应在主钢件的腹板上开设洞口，并宜设置排气孔。构件同一区格内的混凝土应一次浇捣完成。

11.2.5 主钢件腹板上开设的混凝土浇筑孔宜为圆形，浇筑孔的孔径和孔间距除应满足设计文件的要求外，尚应符合下列规定：

1 孔间距宜为孔径的 3 倍～4 倍。

2 当主钢件上设置加劲板时，浇筑孔边缘距离加劲板不应小于 50 mm。

3 浇筑孔应满足混凝土浇筑要求，孔径不应小于 50 mm，不宜大于构件截面高度的 1/2；当孔径大于构件高度的 1/2 时，应进行计算并采取补强措施。

4 开孔位置宜选在剪力较小处。

11.2.6 部分包覆钢-混凝土组合构件中连接主钢件翼缘的连杆应符合下列规定：

1 连杆的位置宜避开主钢件腹板上浇筑孔的位置，不应在孔中心区域。

2 C 型连杆应采取双面角焊缝，焊缝应饱满。

11.2.7 部分包覆钢-混凝土组合构件在混凝土浇筑前应进行构件的隐蔽工程验收，可按本标准附录 A 中表 A.0.4 进行验收记录，并留存相关资料。验收项目应包括但不限于下列内容：

1 内置连接板、钢筋和连杆钢材的牌号、规格、数量、位置、间距等。

2 钢筋的连接方式、接头位置、接头质量、接头面积百分率、搭接长度等。

3 预埋件、预埋线盒及管线、预留孔洞的规格、数量、位置及固定措施等。

4 连杆的焊接质量。

5 钢筋和连杆的混凝土保护层厚度。

11.2.8 部分包覆钢-混凝土组合构件中预制混凝土浇筑应符合

下列规定：

1 混凝土浇筑前，外露主钢件表面以及预埋件、预留钢筋的外露部分应采取防止污染的措施。

2 混凝土倾落高度不宜大于 180 mm，并应均匀摊铺。

3 混凝土浇筑应连续进行。

4 对一次浇筑双面或多面成型的混凝土，宜采用振动模台、振动棒等方式，确保浇筑的混凝土达到密实要求。

5 对分次浇筑双面或多面成型的混凝土，若混凝土不属于同一批次，应分别预留每一批次的混凝土试块并测试试块强度，强度差值不宜超过 5 MPa。

6 混凝土从搅拌机卸出到浇筑完毕的延续时间，气温高于 25℃时不宜超过 60 min，气温不高于 25℃时不宜超过 90 min。

11.2.9 部分包覆钢-混凝土组合构件中预制混凝土养护应符合下列规定：

1 应根据预制构件特点和生产任务量选择自然养护、自然养护加养护剂或加热养护方式。

2 混凝土浇筑完毕或压面工序完成后应及时覆盖保湿，脱模前不得揭开。

3 涂刷养护剂应在混凝土终凝后进行。

4 加热养护可选择蒸汽加热、电加热或模具加热等方式。

5 加热养护制度应通过试验确定，宜采用加热养护温度自动控制装置。宜在常温下预养护 2 h～6 h，升、降温速度不宜超过 20℃/h，最高养护温度不宜超过 70℃。预制构件脱模时的表面温度与环境温度的差值不宜超过 25℃。

6 采用蒸汽加热养护时，应有防止未被混凝土包裹钢表面腐蚀的保护措施。

11.2.10 设计文件未规定时，构件脱模、起吊、翻转时的混凝土强度等级不应小于 15 N/mm^2，且宜达到设计标准值的 75%；构件出厂时的混凝土强度等级不应低于设计强度等级的 75%。

11.2.11 部分包覆钢-混凝土组合构件的制作应编制工艺措施方案，防止构件在制作过程中开裂。

11.2.12 对构造复杂的部分包覆钢-混凝土组合构件，在制作前宜进行工艺性试验。

11.2.13 部分包覆钢-混凝土组合结构的构件批量制作应执行首件验收制度，首件验收合格后方可批量制作。

11.2.14 预制混凝土叠合楼板的预埋件宜与装修图末端布置进行深化设计复核后，再加工制作。

11.2.15 部分包覆钢-混凝土组合结构的构件运输与堆放应符合下列规定：

1 构件支垫应坚实，垫块在构件下的位置宜与制作、起吊位置一致。

2 应采取防止构件产生裂缝的措施，梁构件宜采用立式的方式堆放或运输。

3 重叠堆放构件时，每层构件间的垫块应上、下对齐，堆垛层数应根据构件、垫块的承载力确定，并应根据需要采取防止堆垛倾覆的措施。

11.3 安　装

11.3.1 部分包覆钢-混凝土组合构件的安装应符合现行国家标准《钢结构工程施工规范》GB 50755 的有关规定；现场后浇部位的施工应符合现行国家标准《混凝土结构工程施工规范》GB 50666 的有关规定。

11.3.2 部分包覆钢-混凝土组合构件安装前应进行施工组织方案设计，施工组织方案应符合现行国家标准《建筑施工组织设计规范》GB/T 50502 的有关规定，并应包括但不限于下列内容：

1 部分包覆钢-混凝土组合构件的安装工艺、流程及安装精度控制措施。

2 部分包覆钢-混凝土组合构件预制时预留的节点区域现场后浇混凝土的施工方案。

3 部分包覆钢-混凝土组合构件临时固定方案及安装误差纠偏方案。

11.3.3 部分包覆钢-混凝土组合构件安装前应进行施工验算，施工验算应包括但不限于下列内容：

1 构件吊装过程中的变形验算和预制混凝土的开裂验算。

2 吊装及安装耳板的承载力验算。

3 吊装用吊具的相关验算。

4 构件临时固定措施的安全验算。

5 竖向构件拼接节点在现场混凝土浇筑前的承载力验算。

11.3.4 部分包覆钢-混凝土组合结构在安装前，应根据构件重量和安装部位，确定起重机的类型和布置方案。安装过程中应确保构件的可靠连接和结构的稳定。

11.3.5 部分包覆钢-混凝土组合构件预留的节点后浇区域在现场进行补浇之前，应进行隐蔽工程验收，可按本标准附录A中表A.0.4、表A.0.5进行验收记录，并应符合下列规定：

1 主钢件焊缝连接、现场补焊的连杆的加工及焊接应符合设计图纸及现行国家标准《钢结构焊接规范》GB 50661的有关规定。

2 高强度螺栓连接应符合设计图纸及现行国家标准《钢结构设计标准》GB 50017的有关规定。

11.3.6 部分包覆钢-混凝土组合柱的竖向拼接区域和梁的两端区域的后浇混凝土，应先浇筑竖向拼接区域，再浇筑梁的两端区域。竖向拼接区域后浇时间应依据主体结构的施工验算而确定，集中后浇作业不宜超过3层。

11.3.7 部分包覆钢-混凝土组合柱竖向后浇节点的材料应具备自密实、微膨胀性、高流动性，扩展度试验初始值不宜小于300 mm，强度等级应等同或高于构件中混凝土的强度等级。

11.3.8 部分包覆钢-混凝土组合构件连接或拼接区域后浇混凝土时宜采用标准化模具，模具应表面平整且具有足够刚度，并应采取防漏浆措施。

11.3.9 结构安装过程中，当部分包覆钢-混凝土组合柱竖向拼接处的后浇筑混凝土对施工过程承载有影响时，应将其强度发展情况作为后续施工的依据。

11.3.10 部分包覆钢-混凝土组合构件后浇混凝土检测应符合现行国家标准《混凝土结构工程施工质量验收规范》GB 50204 的有关规定。

11.3.11 部分包覆钢-混凝土组合构件后浇混凝土经检测存在质量缺陷的部位应立即修复，修复用材料宜选用水泥基灌浆料。

11.3.12 对无支撑施工的叠合楼板应考虑制作误差对楼板平整度的影响，设置调平支撑控制楼板面平整度。

11.3.13 项目施工全过程中，应采取防止构件上附件、预埋件及吊件损伤的保护措施。

12 施工质量验收

12.1 一般规定

12.1.1 装配式部分包覆钢-混凝土组合结构应进行单位(子单位)工程验收、分部(子分部)工程验收和分项工程验收,可分别采用本标准附录A中表A.0.1～表A.0.3进行验收记录。型钢混凝土子分部工程中的分项工程应符合现行国家标准《建筑工程施工质量验收统一标准》GB 50300、《钢结构工程施工质量验收标准》GB 50205及《混凝土结构工程施工质量验收规范》GB 50204的有关规定。当不同标准对同一项目有不同规定时,应从严执行。

12.1.2 部分包覆钢-混凝土组合构件与现场焊接、螺栓等连接用材料的进场验收应符合现行国家标准《钢结构工程施工质量验收标准》GB 50205和《混凝土结构工程施工质量验收规范》GB 50204的有关规定。

12.1.3 部分包覆钢-混凝土组合结构的外观质量除满足设计要求外,尚应符合现行国家标准《钢结构工程施工质量验收标准》GB 50205中钢构件外形尺寸允许偏差的有关规定和现行国家标准《混凝土结构工程施工质量验收规范》GB 50204中关于现浇混凝土结构的有关规定。

12.1.4 部分包覆钢-混凝土组合结构的制作和安装工程可按楼层或施工段等划分为一个或若干个检验批。

12.1.5 部分包覆钢-混凝土组合结构检验批合格质量标准应符合下列规定:

1 主控项目应符合现行国家标准《钢结构工程施工质量验收标准》GB 50205、《混凝土结构工程施工质量验收规范》

GB 50204 中合格质量标准的规定。

2 一般项目检验结果应有 80%及以上的检验点符合现行国家标准《钢结构工程施工质量验收标准》GB 50205、《混凝土结构工程施工质量验收规范》GB 50204 中合格质量标准的规定，且允许偏差项目中最大偏差值不应超过允许偏差限值的 1.5 倍。

3 质量检查记录、质量证明文件等资料应完整。

12.1.6 部分包覆钢-混凝土组合结构紧固件连接工程应按现行国家标准《钢结构工程施工质量验收标准》GB 50205 规定的质量验收方法和质量验收项目执行，同时应符合现行行业标准《钢结构高强度螺栓连接技术规程》JGJ 82 的有关规定。

12.1.7 部分包覆钢-混凝土组合结构中构件主钢件防腐蚀涂装工程应按现行国家标准《钢结构工程施工质量验收标准》GB 50205、《建筑防腐蚀工程施工规范》GB 50212 及《建筑防腐蚀工程施工质量验收标准》GB 50224 的有关规定进行验收。

12.1.8 部分包覆钢-混凝土组合结构中构件主钢件防火涂料的厚度应满足设计要求。防火涂料的粘结强度、抗压强度应符合现行国家标准《钢结构工程施工质量验收标准》GB 50205 的有关规定；防火涂料的厚度应符合现行国家标准《建筑设计防火规范》GB 50016 关于耐火极限的设计规定；试验方法应符合现行国家标准《建筑构件耐火试验方法　第 1 部分：通用要求》GB/T 9978.1、《建筑构件耐火试验方法　第 6 部分：梁的特殊要求》GB/T 9978.6、《建筑构件耐火试验方法　第 7 部分：柱的特殊要求》GB/T 9978.7 的有关规定。

12.1.9 部分包覆钢-混凝土组合结构验收时，除应按现行国家标准《混凝土结构工程施工质量验收规范》GB 50204 和《钢结构工程施工质量验收标准》GB 50205 要求提供文件和记录外，尚应提供下列文件和记录：

1 工程设计文件、预制构件制作和安装的深化设计图。

2 部分包覆钢-混凝土组合构件、主要材料及配件的质量证明文件、进场验收记录、抽样复验报告。

3 部分包覆钢-混凝土组合构件安装施工记录。

4 后浇混凝土部位的隐蔽工程检查验收文件。

5 后浇混凝土强度等级检测报告。

6 部分包覆钢-混凝土组合结构分项工程质量验收文件。

12.1.10 部分包覆钢-混凝土组合构件结构性能检验除设计有专门要求外,进场时可不做结构性能检验。

12.2 构件验收

Ⅰ 主控项目

12.2.1 部分包覆钢-混凝土组合构件质量应符合本标准、国家现行有关标准的规定和设计要求。

检查数量:全数检查。

检验方法:检查质量证明文件、技术文件或质量验收记录。

12.2.2 部分包覆钢-混凝土组合构件的外观质量不应有严重缺陷,且不应有影响结构性能和安装、使用功能的尺寸偏差。

检查数量:全数检查。

检验方法:观察,尺量;检查处理记录。

12.2.3 部分包覆钢-混凝土组合构件上的预留插筋、预埋管线等的规格和数量以及预留孔、预留洞的数量应满足设计要求。

检查数量:全数检查。

检验方法:观察。

Ⅱ 一般项目

12.2.4 部分包覆钢-混凝土组合构件应有标识。

检查数量:全数检查。

检验方法:观察。

12.2.5 部分包覆钢-混凝土组合构件的外观质量不应有一般

缺陷。

检查数量:全数检查。

检验方法:观察,检查处理记录。

12.2.6 部分包覆钢-混凝土组合构件的尺寸偏差应符合现行国家标准《钢结构工程施工质量验收标准》GB 50205 的有关规定,预留插筋、预埋管线等的规格和数量以及预留孔、预留洞的尺寸偏差应满足表 12.2.6 的尺寸允许偏差要求。

检查数量:同一类型的构件,每批应抽查构件数量的 10%,且不应少于 3 件。

检验方法:尺量。

表 12.2.6 尺寸的允许偏差及检验方法

项目		允许偏差(mm)	检验方法
预留孔	中心线位置	5	尺量
	孔尺寸	±5	
预留洞	中心线位置	10	尺量
	孔尺寸	±10	
预留插筋	中心线位置	5	尺量
	外露长度	±10, −5	
预埋件	预埋板中心线位置	5	尺量
	预埋板与混凝土面平面高差	0, −5	
	预埋螺栓中心线位置	2	
	预埋螺栓外露长度	+10, −5	

12.3 安装验收

Ⅰ 主控项目

12.3.1 部分包覆钢-混凝土组合构件采用焊接连接时,钢材焊接的焊缝尺寸应满足设计文件的要求，焊缝质量应符合现行国家标准《钢结构焊接规范》GB 50661 和《钢结构工程施工质量验收标准》GB 50205 的有关规定。

检查数量：按现行国家标准《钢结构工程施工质量验收规范》GB 50205 和《钢结构焊接规范》GB 50661 的规定确定。

检验方法：检查施工记录及检验报告。

12.3.2 部分包覆钢-混凝土组合构件采用螺栓连接时，螺栓的材质、规格、拧紧力矩应符合现行国家标准《钢结构设计标准》GB 50017 和《钢结构工程施工质量验收标准》GB 50205 的有关规定。

检查数量：按现行国家标准《钢结构设计标准》GB 50017 和《钢结构工程施工质量验收标准》GB 50205 的规定确定。

检验方法：检查质量证明文件、施工记录及检验报告。

12.3.3 部分包覆钢-混凝土组合构件钢筋采用焊接连接时，其接头质量应符合现行行业标准《钢筋焊接及验收规程》JGJ 18 的有关规定。

检查数量：按现行行业标准《钢筋焊接及验收规程》JGJ 18 的规定确定。

检验方法：检查质量证明文件及检验报告。

12.3.4 部分包覆钢-混凝土组合结构中，节点区后浇混凝土的选用及强度、收缩性指标应符合设计文件的规定。

检查数量：

1 当采用混凝土时，按现行国家标准《混凝土结构工程施工质量验收规范》GB 50204 执行。

2 当采用灌浆料时，其强度应满足设计要求，用于检验灌浆料的试件应在灌注地点随机抽取，每一楼层取样不得少于 1 组，每次取样至少留置 1 组试件。

检验方法：检查质量证明文件、施工记录、灌浆记录、灌浆料试验报告及相关检验报告。

12.3.5 部分包覆钢-混凝土组合结构分项工程的外观质量不应

有严重缺陷，且不得有影响结构性能和使用功能的尺寸偏差，构件安装的允许偏差应符合现行国家标准《钢结构工程施工质量验收标准》GB 50205 的有关规定。

检查数量：全数检查。

检验方法：观察，量测；检查处理记录。

Ⅱ 一般项目

12.3.6 部分包覆钢-混凝土组合结构工程的外观质量不应有一般缺陷。

检查数量：全数检查。

检验方法：观察，检查处理记录。

12.3.7 部分包覆钢-混凝土组合构件安装的允许尺寸偏差应符合现行国家标准《钢结构工程施工质量验收标准》GB 50205 的有关规定。

检查数量：同一类型的构件，每批应抽查构件数量的 10%，且不应少于 3 件。

检验方法：尺量。

12.3.8 预制板类(含叠合板)水平构件的安装允许偏差及检验方法应符合表 12.3.8 的规定。

检查数量：按检验批抽样不应少于 10 个点，且不应少于 10 件。

检验方法：用钢尺和拉线等辅助量具实测。

表 12.3.8 尺寸的允许偏差及检验方法

项目	允许偏差(mm)	检验方法
预制板轴线位置	5	基准线尺量
预制板标高	±5	水准仪或拉线、尺量
相邻板平整度	4	塞尺量测
预制板搁置长度	±10	尺量

续表12.3.8

项目	允许偏差(mm)	检验方法
支座、支垫中心位置	10	尺量
板叠合面	未损伤、无浮灰	观察

12.3.9 预制楼梯的安装允许偏差及检验方法应符合表12.3.9的规定。

检查数量：按检验批抽样不应少于10个点，且不应少于10件。

检验方法：用钢尺和拉线等辅助量具实测。

表12.3.9 预制楼梯安装允许偏差及检验方法

项目	允许偏差(mm)	检验方法
预制楼梯轴线位置	5	基准线尺量
预制楼梯标高	±5	水准仪或拉线、尺量
相邻构件平整度	4	塞尺量测
预制楼梯搁置长度	±10	尺量
支座、支垫中心位置	10	尺量
板叠合面	未损伤、无浮灰	观察

12.3.10 部分包覆钢-混凝土组合梁、柱安装允许偏差及检验方法应符合表12.3.10的规定。

检查数量：按检验批抽样不应少于10个点，且不应少于10件。

检验方法：用钢尺和拉线等辅助量具实测。

表12.3.10 预制梁、柱安装允许偏差及检验方法

<table>
<tr><th colspan="2">项目</th><th>允许偏差(mm)</th><th>检验方法</th></tr>
<tr><td colspan="2">PEC柱轴线位置</td><td>5</td><td>基准线尺量</td></tr>
<tr><td colspan="2">PEC柱标高</td><td>±5</td><td>水准仪或拉线、尺量</td></tr>
<tr><td rowspan="2">PEC柱垂直度</td><td>$H \leqslant 6$ m</td><td>$H/1\,000$ 且 $\leqslant 5$</td><td rowspan="2">经纬仪或吊线、尺量</td></tr>
<tr><td>$H > 6$ m</td><td>$H/1\,000$ 且 $\leqslant 10$</td></tr>
</table>

续表12.3.10

项目	允许偏差(mm)	检验方法
PEC 梁轴线位置	5	基准线尺量
PEC 梁标高	±5	水准仪或拉线、尺量
PEC 梁倾斜度	5	经纬仪或吊线、尺量
PEC 梁相邻构件平整度	4	塞尺量测

12.3.11 预制墙板安装偏差及检验方法应符合表 12.3.11 的规定。

检查数量:按检验批抽样不应少于 10 个点,且不应少于 10 个构件。

检验方法:用钢尺和拉线等辅助量具实测。

表 12.3.11 预制墙板安装允许偏差及检验方法

项目	允许偏差(mm)	检验方法
单块墙板轴线位置	5	基准线尺量
单块墙板顶标高	±5	水准仪或拉线、尺量
单块墙板垂直度	5	2 m 靠尺量测
相邻墙板缝隙宽度	±5	尺量
通长缝直线度	5	塞尺量测
相邻墙板高低差	3	塞尺量测
相邻墙板拼缝空腔构造偏差	±3	尺量
相邻墙板平整度偏差	5	塞尺量测

13 运营维护

13.1 一般规定

13.1.1 建设单位应根据部分包覆钢-混凝土组合结构建筑的设计文件注明的设计条件、使用性质及使用环境编制《建筑使用说明书》。

13.1.2 《建筑使用说明书》除应按现行相关规定执行外，尚应包含以下内容：

1 主体结构、外围护、楼盖、设备管线等系统设计、做法以及使用、检查和维护要求。

2 装饰装修及改造的注意事项，应包含允许业主或使用者自行变更的部分与相关禁止行为。

3 钢结构建筑部品部(构)件生产厂、供应商提供的产品使用维护说明书，主要部品部(构)件宜注明合理的检查与使用维护年限。

13.1.3 部分包覆钢-混凝土组合结构建筑的运营及维护宜采用信息化手段建立建筑、设备、管线等的管理档案。

13.2 主体结构的使用与维护

13.2.1 部分包覆钢-混凝土组合结构应根据《建筑使用说明书》进行定期检查与维护，检查与维护的重点应包括主体结构损伤、建筑渗水、钢结构锈蚀、钢结构防火保护损坏等可能影响主体结构安全性和耐久性的事项。

13.2.2 部分包覆钢-混凝土组合结构建筑不宜改变原设计文件

规定的建筑使用条件、使用性质及使用环境。

13.2.3 在部分包覆钢-混凝土组合结构建筑的室内装饰装修和使用中，不应损伤主体结构。

13.2.4 部分包覆钢-混凝土组合结构建筑室内装饰装修和使用中发生下列行为之一时，应经原设计单位或者具有相应资质的设计单位提出设计方案，并按设计规定的技术要求进行施工及验收：

1 超过设计文件规定的楼面装修荷载或使用荷载。

2 改变或损坏外露主钢件防火、防腐蚀的相关保护及构造措施。

3 改变或损坏建筑节能保温、外墙及屋面防水相关构造措施。

13.2.5 当装饰装修施工改动卫生间、厨房间、阳台防水层时，应当按照现行相关防水标准制订设计、施工技术方案，并应进行闭水试验。

13.2.6 部分包覆钢-混凝土组合结构建筑出现可能影响主体结构安全性和耐久性的有关事项，施工单位应制订维护技术及施工方案，经具备资质的检测评估单位、设计单位确认后实施。

13.3 围护系统及设备管线的使用与维护

13.3.1 围护系统检查与维护的重点应包括围护部品外观、连接件锈蚀、墙屋面裂缝及渗水、保温层破坏、密封材料的完好性等，并形成检查记录。

13.3.2 当遇地震、火灾等灾害时，灾后应对围护系统进行检查，并视破损程度进行维修。

13.3.3 宜根据设计工作年限资料，对接近或超出设计工作年限的围护部品及配件进行安全性评估。

13.3.4 自行装修的管线敷设不应损害主体结构、围护系统。设备与管线发生漏水、漏电等问题时，应及时维修或更换。

附录A 验收表格

表A.0.1 单位(子单位)工程质量验收记录表

编号：　　　　　　　　　　　　　　　　　　　　　　　　　　表：

<table>
<tr><td colspan="2">单位(子单位)工程名称</td><td colspan="2"></td><td colspan="2">结构类型</td><td colspan="2"></td><td colspan="2">层数/建筑面积</td><td colspan="2"></td></tr>
<tr><td colspan="2">施工单位</td><td colspan="2"></td><td colspan="2">技术负责人</td><td colspan="2"></td><td colspan="2">开工日期</td><td colspan="2"></td></tr>
<tr><td colspan="2">项目经理</td><td colspan="2"></td><td colspan="2">项目技术负责人</td><td colspan="2"></td><td colspan="2">竣工日期</td><td colspan="2"></td></tr>
<tr><td>序号</td><td colspan="3">项目</td><td colspan="4">验收记录</td><td colspan="4">验收结论</td></tr>
<tr><td></td><td colspan="3"></td><td colspan="4"></td><td colspan="4"></td></tr>
<tr><td></td><td colspan="3"></td><td colspan="4"></td><td colspan="4"></td></tr>
<tr><td></td><td colspan="3"></td><td colspan="4"></td><td colspan="4"></td></tr>
<tr><td></td><td colspan="3"></td><td colspan="4"></td><td colspan="4"></td></tr>
<tr><td></td><td colspan="3"></td><td colspan="8"></td></tr>
<tr><td rowspan="2">验收单位</td><td colspan="3">建设单位</td><td colspan="3">监理单位</td><td colspan="3">设计单位</td><td colspan="2">施工单位</td></tr>
<tr><td colspan="3">(公章)
单位(项目)负责人：
年　月　日</td><td colspan="3">(公章)
总监理工程师：
年　月　日</td><td colspan="3">(公章)
单位(项目)负责人：
年　月　日</td><td colspan="2">(公章)
单位负责人：
年　月　日</td></tr>
</table>

表 A.0.2　分部(子分部)工程质量验收记录表

编号：　　　　　　　　　　　　　　　　　　　　　　**表：**

<table>
<tr><td colspan="2">单位(子单位)工程名称</td><td colspan="4"></td></tr>
<tr><td>施工单位</td><td></td><td>技术部门负责人</td><td></td><td>质量部门负责人</td><td></td></tr>
<tr><td>分包单位</td><td></td><td>分包单位负责人</td><td></td><td>分包技术负责人</td><td></td></tr>
<tr><td>序号</td><td>子分部工程名称</td><td>检验批数</td><td colspan="2">施工单位检查结果</td><td>监理(建设)单位验收意见</td></tr>
<tr><td></td><td></td><td></td><td colspan="2"></td><td></td></tr>
<tr><td></td><td></td><td></td><td colspan="2"></td><td></td></tr>
<tr><td></td><td></td><td></td><td colspan="2"></td><td></td></tr>
<tr><td></td><td></td><td></td><td colspan="2"></td><td></td></tr>
<tr><td></td><td></td><td></td><td colspan="2"></td><td></td></tr>
<tr><td></td><td></td><td></td><td colspan="2"></td><td></td></tr>
<tr><td></td><td></td><td></td><td colspan="2"></td><td></td></tr>
<tr><td></td><td></td><td></td><td colspan="2"></td><td></td></tr>
<tr><td colspan="3">质量控制资料</td><td colspan="2"></td><td></td></tr>
<tr><td colspan="3">安全和功能检验(检测)报告</td><td colspan="2"></td><td></td></tr>
<tr><td colspan="3">观感质量验收(综合评价)</td><td colspan="2">好□ 较好□ 一般□</td><td>好□ 较好□ 一般□</td></tr>
<tr><td colspan="3">验收结论</td><td colspan="3"></td></tr>
<tr><td rowspan="4">验收单位</td><td colspan="2">施工单位</td><td colspan="3">项目经理：　　公司质量(技术)负责人：
年　月　日</td></tr>
<tr><td colspan="2">勘察单位</td><td colspan="3">项目负责人：　　年　月　日</td></tr>
<tr><td colspan="2">设计单位</td><td colspan="3">项目负责人：　　年　月　日</td></tr>
<tr><td colspan="2">监理(建设)单位</td><td colspan="3">总监理工程师：
(建设单位项目专业负责人)　　年　月　日</td></tr>
</table>

表 A.0.3 分项工程质量验收记录表

编号： **表：**

<table>
<tr><td colspan="2">单位(子单位)
工程名称</td><td></td><td>分部(子分部)
工程名称</td><td></td><td>检验批数</td><td></td></tr>
<tr><td colspan="2">施工单位</td><td></td><td>项目经理</td><td></td><td>项目技术
负责人</td><td></td></tr>
<tr><td>序号</td><td colspan="2">检验批及部位、区段</td><td colspan="2">施工单位检查结果</td><td colspan="2">监理(建设)单位验收结论</td></tr>
<tr><td></td><td colspan="2"></td><td colspan="2"></td><td colspan="2"></td></tr>
<tr><td></td><td colspan="2"></td><td colspan="2"></td><td colspan="2"></td></tr>
<tr><td></td><td colspan="2"></td><td colspan="2"></td><td colspan="2"></td></tr>
<tr><td></td><td colspan="2"></td><td colspan="2"></td><td colspan="2"></td></tr>
<tr><td></td><td colspan="2"></td><td colspan="2"></td><td colspan="2"></td></tr>
<tr><td></td><td colspan="2"></td><td colspan="2"></td><td colspan="2"></td></tr>
<tr><td></td><td colspan="2"></td><td colspan="2"></td><td colspan="2"></td></tr>
<tr><td></td><td colspan="2"></td><td colspan="2"></td><td colspan="2"></td></tr>
<tr><td></td><td colspan="2"></td><td colspan="2"></td><td colspan="2"></td></tr>
<tr><td></td><td colspan="2"></td><td colspan="2"></td><td colspan="2"></td></tr>
<tr><td></td><td colspan="2"></td><td colspan="2"></td><td colspan="2"></td></tr>
<tr><td></td><td colspan="2"></td><td colspan="2"></td><td colspan="2"></td></tr>
<tr><td colspan="3">检验批验收记录完整性核查</td><td colspan="2"></td><td colspan="2"></td></tr>
<tr><td colspan="3">施工单位
检查结果</td><td colspan="4">班组长：　　　　项目专业质量检查员：
项目专业技术负责人：　　　　年　月　日</td></tr>
<tr><td colspan="3">监理(建设)单位
验收结论</td><td colspan="4">专业监理工程师：
(建设单位项目专业技术负责人)
年　月　日</td></tr>
</table>

表 A.0.4 隐蔽工程检验记录表

编号：

单位工程名称		分项工程名称	
验收部位		施工图号	
验收内容			
施工单位检查结果	班组长： 项目专业质量检查员： 项目专业技术负责人： 年 月 日		
监理单位验收结论	专业监理工程师： 年 月 日		

表 A.0.5 后浇节点检验批质量验收记录表

<table>
<tr><td colspan="3">单位(子单位)
工程名称</td><td></td><td>分部(子分部)
工程名称</td><td colspan="2"></td><td colspan="2">分项工程名称</td></tr>
<tr><td colspan="3">施工单位</td><td></td><td>项目负责人</td><td colspan="2"></td><td colspan="2">检验批容量</td></tr>
<tr><td colspan="3">分包单位</td><td></td><td>分包单位
项目负责人</td><td colspan="2"></td><td colspan="2">检验批部位</td></tr>
<tr><td colspan="3">施工依据</td><td colspan="2">《混凝土结构工程施工规范》GB 50666;
《钢结构工程施工规范》GB 50755</td><td>验收依据</td><td colspan="3">《混凝土结构工程施工质量验收规范》GB 50204;
《钢结构工程施工质量验收标准》GB 50205</td></tr>
<tr><td colspan="4">验收项目</td><td>设计要求及规范规定</td><td>最小/实际抽样数量</td><td>检查记录</td><td colspan="2">检查结果</td></tr>
<tr><td rowspan="9">主控项目</td><td rowspan="4">1</td><td rowspan="4">钢筋连接、安装</td><td>受力钢筋的牌号、规格和数量</td><td>GB 50666
第 5.5.1 条</td><td>/</td><td></td><td colspan="2"></td></tr>
<tr><td>受力钢筋的安装位置、锚固方式</td><td>GB 50666
第 5.5.2 条</td><td>/</td><td></td><td colspan="2"></td></tr>
<tr><td>钢筋的连接方式</td><td>GB 50666
第 5.4.1 条</td><td>/</td><td></td><td colspan="2"></td></tr>
<tr><td>机械连接和焊接接头的力学性能、弯曲性能</td><td>GB 50666
第 5.4.2 条</td><td>/</td><td></td><td colspan="2"></td></tr>
<tr><td rowspan="5">2</td><td rowspan="5">焊材连接</td><td>焊接材料品种、规格</td><td>GB 50755
第 4.3.1 条</td><td>/</td><td></td><td colspan="2"></td></tr>
<tr><td>焊接材料复验</td><td>GB 50755
第 4.3.2 条</td><td>/</td><td></td><td colspan="2"></td></tr>
<tr><td>内部缺陷</td><td>GB 50755
第 5.2.4 条</td><td>/</td><td></td><td colspan="2"></td></tr>
<tr><td>组合焊缝尺寸</td><td>GB 50755
第 5.2.5 条</td><td>/</td><td></td><td colspan="2"></td></tr>
<tr><td>焊缝表面缺陷</td><td>GB 50755
第 5.2.6 条</td><td>/</td><td></td><td colspan="2"></td></tr>
</table>

续表A. 0. 5

验收项目				设计要求及规范规定	最小/实际抽样数量	检查记录	检查结果
主控项目	3	高强螺栓连接	高强螺栓品种、规格	GB 50755 第 4.4.1 条	/		
			扭矩系数或预拉力复验	GB 50755 第 4.2.2 条或第 4.4.3 条	/		
			抗滑移系数试验	GB 50755 第 6.3.1 条	/		
			终拧扭矩	GB 50755 第 6.3.2 条或第 6.3.3 条	/		
一般项目	1	钢筋加工	受力钢筋沿长度方向的净尺寸	±10 mm	/		
			弯起钢筋的弯折位置	±20 mm	/		
			箍筋外廓尺寸	±5 mm	/		
	2	焊材加工	焊缝外观质量	GB 50755 第 5.2.8 条	/		
			焊缝尺寸偏差	GB 50755 第 5.2.9 条	/		
			焊缝感观	GB 50755 第 5.2.11 条	/		
	3	螺栓连接	连接外观质量	GB 50755 第 6.3.5 条	/		
			摩擦面外观	GB 50755 第 6.3.6 条	/		
			扩孔	GB 50755 第 6.3.7 条	/		

续表A.0.5

施工单位 检查结果		专业工长： 项目专业质量检查员： 年　月　日
监理单位 验收结论		专业监理工程师： 年　月　日

本标准用词说明

1 为了便于在执行本标准条文时区别对待，对要求严格程度不同的用词说明如下：

1）表示很严格，非这样做不可的用词：
正面词采用“必须”；
反面词采用“严禁”。

2）表示严格，在正常情况下均应这样做的用词：
正面词采用“应”；
反面词采用“不应”或“不得”。

3）表示允许稍有选择，在条件许可时首先应这样做的用词：
正面词采用“宜”；
反面词采用“不宜”。

4）表示有选择，在一定条件下可以这样做的用词，采用“可”。

2 标准中指定应按其他有关标准、规范执行时，写法为“应符合（满足）……的规定（要求）”或“应按……执行”。

引用标准名录

1 《碳素结构钢》GB/T 700
2 《低合金高强度结构钢》GB/T 1591
3 《连续热镀锌和锌合金镀层钢板及钢带》GB/T 2518
4 《厚度方向性能钢板》GB/T 5313
5 《建筑构件耐火试验方法　第1部分:通用要求》GB/T 9978.1
6 《建筑构件耐火试验方法　第6部分:梁的特殊要求》GB/T 9978.6
7 《建筑构件耐火试验方法　第7部分:柱的特殊要求》GB/T 9978.7
8 《电弧螺柱焊用圆柱头焊钉》GB/T 10433
9 《建筑用压型钢板》GB/T 12755
10 《叠合板用预应力混凝土底板》GB/T 16727
11 《建筑结构用钢板》GB/T 19879
12 《建筑模数协调标准》GB/T 50002
13 《建筑结构荷载规范》GB 50009
14 《混凝土结构设计规范》GB 50010
15 《建筑抗震设计规范》GB 50011
16 《建筑设计防火规范》GB 50016
17 《钢结构设计标准》GB 50017
18 《工业建筑防腐蚀设计规范》GB 50046
19 《建筑物防雷设计规范》GB 50057
20 《建筑结构可靠性设计统一标准》GB 50068
21 《工程结构设计基本术语标准》GB/T 50083
22 《工程结构可靠性设计统一标准》GB 50153

23 《混凝土结构工程施工质量验收规范》GB 50204
24 《钢结构工程施工质量验收标准》GB 50205
25 《建筑防腐蚀工程施工规范》GB 50212
26 《建筑防腐蚀工程施工质量验收标准》GB 50224
27 《建筑工程施工质量验收统一标准》GB 50300
28 《水泥基灌浆材料应用技术规范》GB/T 50448
29 《建筑施工组织设计规范》GB/T 50502
30 《钢结构焊接规范》GB 50661
31 《混凝土结构工程施工规范》GB 50666
32 《钢结构工程施工规范》GB 50755
33 《建筑机电工程抗震设计规范》GB 50981
34 《门式刚架轻型房屋钢结构技术规范》GB 51022
35 《装配式混凝土建筑技术标准》GB/T 51231
36 《建筑钢结构防火技术规范》GB 51249
37 《工程结构通用规范》GB 55001
38 《钢结构通用规范》GB 55006
39 《装配式混凝土结构技术规程》JGJ 1
40 《高层建筑混凝土结构技术规程》JGJ 3
41 《钢筋焊接及验收规程》JGJ 18
42 《钢结构高强度螺栓连接技术规程》JGJ 82
43 《高层民用建筑钢结构技术规程》JGJ 99
44 《组合结构设计规范》JGJ 138
45 《非结构构件抗震设计规范》JGJ 339
46 《轻骨料混凝土应用技术标准》JGJ/T 12
47 《蒸压加气混凝土建筑应用技术规程》JGJ/T 17
48 《自密实混凝土应用技术规程》JGJ/T 283
49 《建筑楼盖结构振动舒适度技术标准》JGJ/T 441
50 《预制混凝土外挂墙板应用技术标准》JGJ/T 458
51 《钢筋桁架楼承板》JG/T 368

上海市工程建设规范

装配式部分包覆钢-混凝土组合结构技术标准

DG/TJ 08—2421—2023

J 16932—2023

条 文 说 明

2024 上海

目　次

Contents

1 总 则

1.0.1 本条是建筑工程中合理应用部分包覆钢-混凝土组合结构应当遵循的总方针。

1.0.2 部分包覆钢-混凝土组合结构(简称 PEC 结构)的柱、梁构件可以全部或部分在工厂或现场预制,预制构件的吊装和连接方式与钢构件类似,现场只需少量补填或完全不填混凝土,因而可以达到较高的预制化、装配化水平。PEC 构件由于利用了钢-混凝土的组合作用,经济性良好。PEC 结构可以用于新建结构,也可用于既有钢结构的改建。构筑物若采用 PEC 构件,则构件和节点的设计可参照本标准有关规定。

由于对此类构件的高周疲劳尚未有充分研究结果能够指导工程实践,故本标准暂不适用于需要高周疲劳计算的构件,即直接承受动力荷载重复作用且结构使用期间应力循环次数大于 5×10^4 的情况。

2 术语和符号

2.1 术 语

2.1.1～2.1.8 本节给出了部分包覆钢-混凝土组合构件(简称PEC构件),如部分包覆钢-混凝土组合柱、部分包覆钢-混凝土组合梁、部分包覆钢-混凝土组合支撑以及部分包覆钢-混凝土组合框架等术语的含义和简称,在不引起混淆时,为表述简洁,采用简称。

PEC构件有别于型钢混凝土构件和钢管混凝土构件,为此给出了组合构件截面中钢骨的专有名词"主钢件"以示区别。连杆是PEC构件中特有的组件,在术语中特加说明。

2.1.9,2.1.10 厚实型截面是指符合截面分类1和分类2的规定、满足塑性承载能力要求的H形主钢件截面。薄柔型截面是指符合截面分类3的规定、设置连杆后方能满足塑性承载能力要求的H形主钢件截面。薄柔型截面是部分包覆组合构件中特有的一种截面分类。薄柔型截面的特征是通过在翼缘间焊接拉杆来提高翼缘抵抗局部屈曲的能力,从而增加截面塑性转动性能。在实际工程中,截面满足截面分类2要求的构件,可以通过设置连杆而转变成截面分类1的构件,这种截面不属于薄柔型截面。

2.2 符 号

2.2.1～2.2.4 符号是根据现行国家标准《工程结构设计基本术语标准》GB/T 50083的有关规定制定的,并尽可能保持同其他现行标准的协调性。

3 材 料

3.1 钢 材

3.1.2 本条规定了承重结构的钢材应具有力学性能和化学成分等合格保证的项目。非焊接的重要结构(如吊车梁,吊车桁架,有振动设备或有大吨位吊车厂房的屋架、托架,大跨度重型桁架等)以及需要弯曲成型的构件等,亦都要求具有冷弯试验合格的保证。

3.1.4 结构设计包括抗震设计中,当构件需经受较大塑性变形时,结构钢材的选用应符合本条规定。

3.1.5 在钢结构制造中,由于钢材质量和焊接构造等原因,当构件沿厚度方向产生较大应变时,厚板容易出现层状撕裂,对沿厚度方向受拉的接头更为不利。为此,需要时应采用厚度方向性能钢板。防止板材产生层状撕裂的节点、选材和工艺措施可参照现行国家标准《钢结构焊接规范》GB 50661 执行。

3.1.6 现行国家标准《连续热镀锌和锌合金镀层钢板及钢带》GB/T 2518 不仅给出了钢板热镀锌技术条件,还给出了镀锌钢板牌号,本标准推荐目前工程中常用的 S250(S250GD+Z、S250GD+ZF),S350(S350GD+Z、S350GD+ZF),S550(S550GD+Z、S550GD+ZF)牌号钢作为压型钢板的基板。现行国家标准《连续热镀锌和锌合金镀层钢板及钢带》GB/T 2518 表 6 中给出的压型钢板强度标准值和设计值,是以公称屈服强度为抗拉强度标准值,材料分项系数取 1.2,得到抗拉强度设计值。对强屈比小于 1.15 的 S550 级的钢材,抗拉强度标准值取抗拉极限强度的85%。

3.2 钢 筋

3.2.1 当部分包覆钢-混凝土组合构件中的纵筋主要起约束混凝土作用且未在承载力计算中予以考虑时，可不按受力钢筋考虑。

当PEC构件截面较大时，其箍筋也可采用焊接钢筋网，钢筋网应符合现行行业标准《焊接钢筋网混凝土结构技术规程》JGJ 114的有关规定。

3.3 混凝土

3.3.1 本条参照现行行业标准《组合结构设计规范》JGJ 138设计原则，鉴于PEC构件含钢率较高，故当要求计入混凝土对承载力的贡献如PEC柱时，混凝土强度等级不宜过低。

本标准构件截面强度计算是基于材料达到极限变形假定的，即要求主钢件和混凝土材料在承载能力极限状态下分别能达到其屈服强度和轴心抗压强度。因为达到轴心受压强度后，混凝土承载能力将下降，如果这一状态发生在主钢件屈服之前，极限分析假定将与实际情况产生一定偏差。计算数据比较(见表1)说明，当主钢件的钢材牌号在Q235～Q420范围内时，匹配的混凝土强度等级如为C20～C70，则都能满足这一要求。国内外已完成的构件试验大多都在上述材料范围内，试验结果均表明试件可以达到基于极限变形假定所计算的承载力。但当采用高强度钢材Q460时，需要注意可能出现混凝土压碎时钢材没有屈服的情况。

另外，PEC柱的后浇筑节点混凝土材料的强度等级应高于构件自身的混凝土强度等级。

表1　混凝土和钢材应变比较

混凝土强度	C20～C50	C55	C60	C65	C70
ε_0	0.00200	0.00202	0.00205	0.00208	0.0021
钢材牌号	Q235	Q355	Q390	Q420	Q460
ε_y	0.0011	0.0017	0.0019	0.0020	0.0022

注：混凝土应变 $\varepsilon_0 = 0.002 + 0.5 \times (f_{cu,k} - 50) \times 10^{-5}$，钢材应变 $\varepsilon_y = f_{ay}/E_a$。

3.3.2　部分包覆钢-混凝土组合梁中的混凝土对构件承载力的贡献主要在于其抑制主钢件板件的局部屈曲，提高梁的整体稳定性和刚度，因此可以采用低强度的轻质混凝土，以减少跨度较大的组合梁的自重、降低起吊重量等，此时可不计包覆混凝土对抗弯承载力的作用。

3.3.4　PEC 梁中混凝土对梁的刚度贡献较大，但对抗弯承载力提高幅度不大，在有可靠措施时，也可采用普通混凝土浇筑后浇节点。

3.3.5，3.3.6　为保证 PEC 构件后浇区的性能，对节点进行了分类。节点材料根据类别规定了不同的要求，当采用自密实混凝土材料时，材料膨胀率一般为 0.02%～0.05%。

4 建筑、设备与管线系统

4.1 建筑设计

4.1.1 本标准适用于主体结构采用装配式部分包覆钢-混凝土组合结构技术的装配式建筑。装配式建筑设计包含建筑设计、外围护体系设计、装修设计和机电管线系统设计。

4.1.2 装配式建筑的设计应标准化、模块化。

4.1.3 采用装配式部分包覆钢-混凝土组合结构技术的住宅，考虑钢结构的特点，要充分利用大开间的建筑设计平面布置，实现平面可灵活分隔，满足多样化使用功能要求。

4.1.5 宜采用集成式厨房、集成式卫生间及整体收纳等部品系统。

4.2 设备与管线设计

4.2.2 设备与管线系统的使用终端应考虑设备安装尺寸的可调范围。

4.2.4 考虑大空间可变的特点，建筑宜采用同层排水设计，为建筑的全生命周期房型可变提供卫生间可变的设备可行性。

4.3 协同设计

4.3.2 建筑外墙与外立面材质、结构构件的布置对位应协同设计，同步考虑外立面装修材料、保温做法和防火做法。尤其是采用自保温墙体或外立面为涂料饰面时，设计应结合立面效果，综合考虑防火、抗裂、外饰面做法，明确热桥结构构件翼缘面、混凝土面的构造做法。

自保温墙体与PEC梁、柱、板等的交接处应设置抗裂保护层，采用抗裂砂浆和增强网（耐碱玻纤网格布或热镀锌电焊钢丝网）进行抗裂防渗处理（图1）。

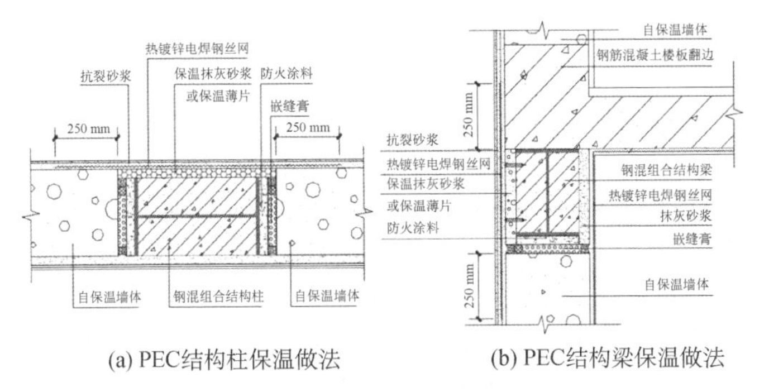

(a) PEC结构柱保温做法　　(b) PEC结构梁保温做法

图1　PEC组合结构保温做法

不仅应考虑到构造设计涉及墙板间缝隙的节点设计，还应考虑到外墙构造设计是否能够保证外墙防火、保温、防水等性能可以包络整个建筑外围护系统；应确保各部位构造节点设计连续，不会存在某一部位的断桥或性能缺失。

4.3.3　部分包覆钢-混凝土组合结构的开孔及预留预埋应在深化设计阶段完成，避免现场对构件的二次开槽切割。

5 结构设计

5.1 一般规定

5.1.3 建筑结构安全等级按现行国家标准《工程结构通用规范》GB 55001、《工程结构可靠性设计统一标准》GB 50153 和《建筑结构可靠性设计统一标准》GB 50068 的有关规定划分为一级、二级和三级。对一般工业与民用建筑部分包覆钢-混凝土组合结构，安全等级可取为二级。现行国家标准《工程结构通用规范》GB 55001 将“设计使用年限”这一术语表达为“设计工作年限”，根据其条文说明，“设计工作年限”和“设计使用年限”两个术语所指内容相同，本标准中统一采用“设计工作年限”。

5.1.4 荷载效应的组合原则根据现行国家标准《建筑结构可靠性设计统一标准》GB 50068 的有关规定制定。对荷载效应的偶然组合，统一标准只作出原则性的规定，具体的设计表达式及各种系数应符合相关标准的有关规定。对于正常使用极限状态，一般只采取荷载效应的标准组合；当有可靠依据和实践经验时，亦可采取荷载效应的频遇组合。对部分包覆钢-混凝土组合梁，因需要计入混凝土在长期荷载作用下的徐变影响，故除应采取荷载效应的标准组合外，尚应采取准永久组合。部分包覆钢-混凝土组合结构的极限状态设计规定与现行国家标准《建筑结构荷载规范》GB 50009、《建筑抗震设计规范》GB 50011 一致。

5.1.6 构件的承载力设计，基于现行国家标准《建筑结构荷载规范》GB 50009、《建筑抗震设计规范》GB 50011 和现行行业标准《组合结构设计规范》JGJ 138 有关极限状态设计表达式的规定，本标准对部分包覆钢-混凝土组合构件的承载力抗震调整系数按现行行业标准《组合结构设计规范》JGJ 138 的有关规定执行。

5.1.8 本条适用于结构整体弹性分析时采用的截面刚度计算。截面刚度计算中参考现行行业标准《组合结构设计规范》JGJ 138，采用了主钢件截面刚度和混凝土截面刚度叠加的方法。在弹性范围内用叠加方法计算截面刚度简单可行，符合实际情况。

现行协会标准《矩形钢管结构设计规程》CECS 159 中规定弯曲刚度计算要计入混凝土开裂影响，采用 0.8 折减系数，即 $EI_1=E_aI_a+0.8E_cI_c$。

大量计算表明，折减抗弯刚度 $EI_1=E_aI_a+0.8E_cI_c$ 和全抗弯刚度 $EI=E_aI_a+E_cI_c$ 之比，对于宽翼缘构件，强轴为 0.91～0.95，弱轴为 0.85～0.89；对于中翼缘构件，强轴为 0.88～0.92，弱轴为 0.83～0.86；对于窄翼缘构件，强轴为 0.88～0.91，弱轴为 0.82～0.85。

按上述两种刚度对典型框架试算发现，竖向荷载作用下，框架梁弯矩变化不超过 3%，框架柱弯矩变化不超过 5%。比较周期、底部剪力、最大水平侧移及层间位移角可知，周期和底部剪力变化不超过 5%，最大水平侧移及层间位移角变化不超过 6%。

通常，工程设计中的构件内力和结构变形是根据弹性分析获得或基于弹性计算结果予以调整，故使用本条规定能够满足工程设计的一般要求。构件设计计算时其刚度需要进行适当折减的场合，在有关构件设计的条文中予以规定。结构进入弹塑性后，截面刚度不能按本条规定计算，因此在非线性分析中，可根据理论假定、试验结果、数值模拟等建立的非弹性刚度计算，本标准对此不予规定。

5.1.9 鉴于 PEC 梁通过栓钉等连接件与混凝土楼板连接，其整体组合作用与钢梁与混凝土楼板连接相近，抗剪连接程度接近钢梁，故参考行业标准《高层民用建筑钢结构技术规程》JGJ 99—2015 第 6.1.3 条，整体内力和变形计算时，梁刚度增大系数分别取为 1.2（边框架）和 1.5（中框架）。T 形 PEC 梁的挠度计算时，T 形 PEC 梁的惯性矩应符合本标准第6.2.17～6.2.20条的规定。

5.1.10 为满足实际工程需要，部分包覆钢-混凝土组合构件的截面形式不限于本标准规定的采用单H形钢作为主钢件的情况。

例如，当柱子与正交两方向的梁均按刚接要求设计时，也可采用图2所示双H形钢等作为主钢件。当采用正交双向H形钢或类似截面的主钢件时，主钢件相邻两翼缘间的开口大小应满足制作、施工的相关要求。

对部分包覆钢-混凝土组合墙（图2），近年来也开展了相关试验研究和工程试点应用，当房屋层数较高时经济指标较好。由于理论和试验研究成果尚不充分，本标准暂未列入这类截面。针对具体工程采用此类构件时，应进行必要的试验和充分的论证。

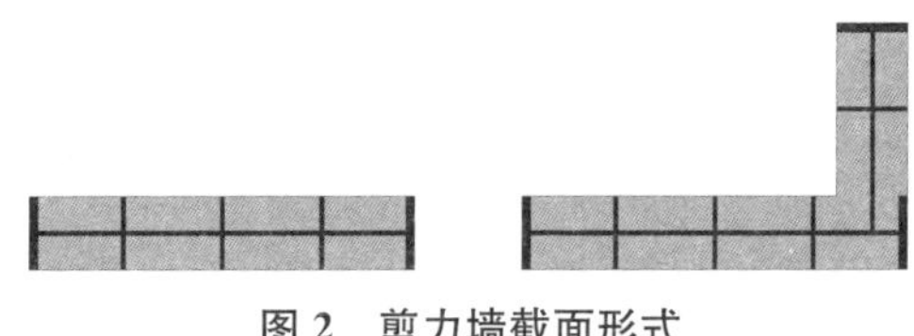

图2 剪力墙截面形式

5.1.11 无支撑施工方法对部分包覆组合梁（主要是正弯矩截面）会产生钢材（钢筋）拉应力超前、混凝土压应力滞后的影响。部分包覆组合框架施工时，部分包覆组合框架梁支座处于刚性连接状态，而混凝土框架叠合梁支座处于铰接连接状态，因此部分包覆组合框架梁的两次受力影响较小，但对于梁端铰接的部分包覆组合次梁，两次受力的影响较大，故在设计中应予以考虑。部分包覆组合截面承载力可按本标准公式计算，两阶段弯矩和剪力设计值可参照现行国家标准《混凝土结构设计规范》GB 50010附录H计算。

5.2 结构体系和构件

5.2.1 部分包覆钢-混凝土组合构件可以单独形成框架等结构

体系，也可以与钢构件、钢筋混凝土构件或其他形式的钢-混凝土组合构件形成结构体系。

本标准涉及的结构体系中，以框架柱、梁均采用 PEC 构件的情况为主，给出了较为具体的规定。部分采用 PEC 构件，即仅有柱或梁采用 PEC 构件，其他采用钢构件或钢筋混凝土构件等的情况，PEC 构件设计可采用本标准的有关规定，其他构件的设计应满足对应标准的要求。但连接和节点的构造类型较多，本标准尚不能完全覆盖；有关结构体系设计的整体指标，也需经过论证或研究，尚不能在本标准中规定。这些情况，需要设计工程师在调研基础上针对个案具体解决，积累一定经验后作为普遍性规定予以明确。

5.2.2 表 5.2.2 中第 1,3,5 项规定与行业标准《组合结构设计规范》JGJ 138—2016 第 4.3.5 条中对应型钢混凝土框架(柱)的规定一致。其原因是部分包覆钢-混凝土组合结构的力学性能与型钢混凝土构件相比性能更有优势，前者边缘部分始终有钢材参与工作，在正常使用状态下能更有效地防止裂缝开展，在极限状态下前者钢材外包轮廓范围内的受压混凝土在完全压溃前也能较充分地发挥作用，故按型钢混凝土结构取值是合理的。

表 5.2.2 中第 2 项规定，框架-支撑结构通常采用钢支撑或 PEC 支撑，比起钢筋混凝土剪力墙具有更大变形能力，参考行业标准《高层民用建筑钢结构技术规程》JGJ 99—2015 第 3.2.2 条对钢框架-中心支撑结构的规定，采取适用高度至少减小 20 m 的措施以对高度实施较严格的限制。本标准所称的框架-支撑结构，当采用部分包覆钢-混凝土组合柱和组合梁时，应采用中心支撑结构(因尚无与偏心支撑相连的部分包覆组合梁试验与理论研究)；当结构采用部分包覆钢-混凝土组合柱和钢梁时，可采用中心支撑结构或偏心支撑结构。偏心支撑房屋的适用高度可参照表 5.2.2 的中心支撑结构，偏心支撑的耗能梁等的设计应按有关标准的规定采用。

表 5.2.2 中第 4 项规定，系根据钢板剪力墙的延性性能与支

撑相近或更优的情况，取与框架-支撑结构的规定相同。

本条尚不能全部覆盖可以应用部分包覆组合柱、梁的结构体系。对其他结构体系的适用高度，需根据工程经验与其他规范、标准的要求研究制定。

列出 8 度的最大高度限值是因为乙类建筑需提高 1 度取值。

5.2.3 高宽比是对结构刚度、整体稳定、承载能力和经济合理性的宏观控制。参考行业标准《高层建筑混凝土结构技术规程》JGJ 3—2010 第 3.3.2 条，建筑结构适用的最大高宽比与结构体系及抗震设防烈度有关；参考行业标准《高层民用建筑钢结构技术规程》JGJ 99—2015 第 3.2.3 条，高宽比仅与抗震设防烈度有关。由于 PEC 框架结构刚度、整体稳定、承载能力等优于钢筋混凝土框架，故本条在高宽比取值上遵循不超过钢结构但适当高于钢筋混凝土结构的原则。

5.2.4 部分包覆钢-混凝土组合构件（PEC 构件）主要由 H 形钢等开口截面主钢件和混凝土组成。从 20 世纪 80 年代起，欧洲工程界着手研究 PEC 构件的力学性能并已广泛用于多层以及高层建筑结构，PEC 构件设计与构造要求已纳入欧洲规范 EN 1994-1-1：2004，常用的构件一般由 H 形截面的型钢或焊接钢、混凝土、箍筋、纵筋与栓钉组成，箍筋分布在腹板两侧，栓钉连接在腹板上；有的截面构造则不设置栓钉，而使用穿过腹板的箍筋。20 世纪 90 年代后期，加拿大 Canam 公司研发推广了较大翼缘宽厚比的薄柔型截面焊接主钢件，在翼缘之间设置连杆来提高其局部稳定性。

PEC 构件与型钢混凝土构件的截面构成类似，承载机理相近，因此欧洲规范 EN 1994-1-1：2004 对二者的极限承载力采取了相同的计算假定与方法。但 PEC 构件与型钢混凝土构件截面形式的最大区别在于主钢件的部分材料位于截面外周，对构件的弯曲刚度和受弯承载力的贡献远远高于型钢混凝土中的钢骨，此外，纵筋布置在主钢件的内侧，离中和轴距离较近，对构件弯曲刚度和受弯承载力的贡献较小。这一材料布置形成了不同于型钢混凝土的受力特点，例如外周钢板件的局部稳定性不同于型钢混凝土构件，纵筋的作用减少。自20世纪90年代以来欧美研究者进行的相关试验，已充分支持了欧洲规范EN 1994-1-1：2004的合理性和适用性；2000年以来我国研究者也进行了一系列试验，为本标准的编制提供了依据。研究表明，与钢骨存在于内核的型钢混凝土构件相比，在截面外包尺寸和含钢率相同的条件下，PEC构件的抗弯刚度与承载力都高于型钢混凝土构件。研究还表明，不设置栓钉或其他抗剪连接件的试件也能保证钢-混凝土共同受力，达到并超过塑性极限状态对应的理论承载力。实际工程在应用这些构件时，在层高和柱距之间构件的长度有限且两端都有实际存在的限制混凝土纵向变形的约束，加上其他构造措施，都能使钢-混凝土协同变形和受力。

主钢件可以为单H形截面，也可以为2个或多个H形截面焊接组合(图3)。本标准规定了主钢件为单H形截面的构件计算方法与构造要求。采用其他主钢件形式时，有关的计算规定还需进一步研制。

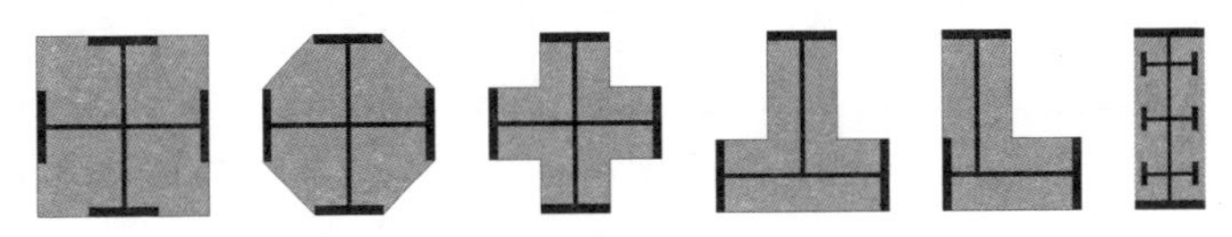

图3　主钢件截面形式

主钢件可以采用型钢，也可以采用焊接截面。焊接截面可以采用宽厚比较大的板件，起到节省钢材的作用；但采用型钢有利于标准化、模数化的设计，也能获得较高的综合效益。

当构件采用较大截面尺寸时(例如中高层建筑框架柱)，可以在混凝土中设置纵筋、箍筋和栓钉等钢配件，这种情况下，主钢件大多为厚实截面；当构件采用较小截面尺寸或设计荷载较小时(例如低多层建筑框架柱、楼面梁等)，可以采用薄柔型截面，在混凝土中设置纵筋、连杆等钢配件，连杆主要用于提高 H 形钢翼缘的板件稳定性。本标准仅列出了各种设计规定都已相对成熟的采用 H 形钢作为主钢件的截面形式，其他截面形式的设计可以参照其方法加以推广，参见本标准第 5.1.10 条的说明。

5.2.5 PEC 构件的塑性承载能力和变形能力发展与可能达到的程度与主钢件板件宽厚比密切相关。确定梁柱构件设计原则、选择计算方法时，应当依据主钢件的板件宽厚比及与之有关的截面分类。

1 本款规定了梁和框架柱中主钢件的截面分类及相应的宽厚比限值。主钢件受压翼缘的局部稳定临界应力高于纯钢构件受压翼缘的局部稳定临界应力。基于能量方法所做的理论分析表明，板件失稳临界应力与屈服强度相等时的外伸部分宽厚比可达 $35\varepsilon_k$（李炜：《部分组合钢-混凝土梁试验研究》，2015），故相较于纯钢构件，受压翼缘的宽厚比限制可以放宽。表 5.2.5 采取了欧洲规范 EN 1994-1-1:2004 中对部分包覆钢-混凝土组合构件受压翼缘的规定。其中，截面分类 1 是对构件段形成塑性铰的要求，此时，混凝土已处于压溃状态，钢翼缘视为无面外约束板件，故与普通钢构件的宽厚比规定一致；其他分类则计入了混凝土对钢翼缘板件的面外约束作用。虽然钢翼缘板件局部失稳的临界宽厚比为 $35\varepsilon_k$，工程设计时若无第 4 款所规定的措施则按最大宽厚比不超过 $20\varepsilon_k$ 加以限制，以计入板件初始变形等不利影响。事实上，板件宽厚比还受加工制作因素的约束，宽厚比过大的板件在主钢件焊接时容易产生较大变形，是不适宜采用的。

主钢件腹板受到两侧混凝土的约束，局部失稳受到抑制。但鉴于极限状态下混凝土受损后对腹板的约束作用降低，仍需对其宽厚比予以适当限制。本款关于梁主钢件腹板的宽厚比限值参考了欧洲规范 EN 1994-1-1：2004 规定的原则，截面分类 1 对应的腹板宽厚比限值，原则上与国家标准《钢结构设计标准》GB 50017—2017 中 S1 级一致，但根据既有试验数据做了适当调整，而不要求进行应力分布参数的计算；对应截面分类 2，采用了欧洲规范 EN 1994-1-1：2004 的规定，由于混凝土的约束，故腹板宽厚比限值与钢构件腹板的 S4 级相当，其中对于柱子腹板也采用了不计应力分布参数的简化处理方法；截面分类 3 的腹板宽厚比则与 S5 级的钢构件腹板相当。在框架结构抗震设计中，根据“强柱弱梁”要求，除柱脚部分外，主钢件达到截面分类 2 的塑性承载力即能满足要求，按本款规定设计截面仍能得到良好的经济性。但对柱脚部位等如要求具备塑性铰能力，腹板宽厚比应满足截面分类 1 的要求。

2 本款基于轴心受压柱与压弯框架柱不同的性能要求，即不需要形成充分的塑性转动能力，其受压翼缘宽厚比满足本条第 1 款截面分类 2 的要求即可保证截面的轴压极限承载力。当该构件稳定承载力小于截面承载力的 75%时，钢材为弹性，故要求满足截面分类 3 的要求即可。

3 本款参考了欧洲规范 EN 1998-1：2004 第 7.6.5 条第(4)款的规定内容，并经过多项滞回试验结果予以确认(图 4 和表 2)。本款规定事实上允许采用超出表 5.2.5 宽厚比限值的主钢件，一定条件下可能获得更高的材料利用效率。

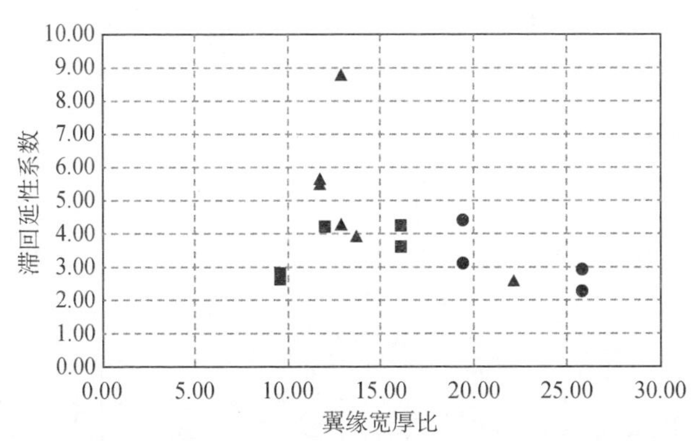

图 4 压弯滞回试验结果

表 2　构件试验结果

方法	试验数据来源	受力性质	轴压比	等效翼缘宽厚比	加密区连杆间距/翼缘宽度	加密区长度（试件全长）	极限荷载/屈服荷载	单调延性	滞回延性
试验	李炜 2015	纯弯	0	10.30	1.28	试件全长	1.76	14.85	—
				17.21	0.64		1.36	13.94	
				17.21	0.64		1.34	9.84	
				17.21	1.28		1.38	14.64	
				17.21	1.40		1.29	13.34	
				17.21	1.40		1.43	—	4.05
	刘杰 2019	压弯	0.30	9.69	0.50	500(3 000)	1.91	—	2.74
			0.50	9.69			1.69	—	2.56
	A. S. ELNASHAI 1994	压弯	0.15	11.73	0.26	360(1 690)	1.29	—	5.55
		压弯	0.30	11.73			1.27		5.64
	A. S. ELNASHAI 1991	压弯	0.15	12.86	0.27	360(2 400)	—	—	8.80
		压弯	0.30	12.86					4.30
	李鹏宇 2009	压弯	0.15	12.13	0.50	试件全长	1.16	—	4.18
			0.25	12.13			1.20		4.16
			0.15	16.17			1.06		4.18
			0.25	16.17			1.05		3.56
	杨婧 2007	压弯	0.20	19.50	0.21	柱底区域	1.24	—	4.33
			0.20	19.50			1.04		3.08
			0.20	19.50			1.05		4.40
	陆佳 2011	压弯	0.28	22.11	0.25	600(1 750)	1.18	—	2.60
			0.30	25.93	0.21	300(1 750)	1.18		2.25
			0.33	25.93			1.18		2.95
	何雅雯 2017	双向压弯	0.20	13.68	0.23	350(3 600)	1.19	—	3.94
	简思敏 2016	偏压	—	16.30	0.50	试件全长	—	2.31	—
				19.60	0.50			2.56	
				24.50	0.30			2.53	
				24.50	0.50			1.75	
				24.50	1.00			1.85	
	银英姿 2008	轴压	—	8.00	1.00	试件全长	1.45	1.40	—
				12.13	1.00		1.34	1.30	
				12.13	0.50		1.47	2.30	
				16.20	0.50		1.26	1.70	
				16.20	1.00		1.35	1.60	
				16.20	2.00		1.29	1.10	

4 本款对连杆布置范围提出要求。基于连杆可有效约束受压翼缘外伸部分在塑性阶段的局部失稳，故可仅要求覆盖构件最大弯矩附近区域。当弯矩分布较为均匀时，弯矩超过构件上最大弯矩 80%的范围均宜满足连杆设置的要求，以保证受压翼缘塑性承载和变形能力。

6 "贴合连接"指受压翼缘外侧有板件阻止翼缘鼓曲变形，而板件并非成为 PEC 构件的组成部分。

5.2.6 欧洲规范 EN 1994-1-1：2004 表 5.2 显示，主钢件翼缘内侧混凝土包覆宽度不应小于对应翼缘宽度的 80%。当混凝土宽度小于翼缘宽度时，应注意对钢板无包覆范围采取相应的结构防火措施。

5.3 结构变形规定

5.3.1 国家标准《钢结构设计标准》GB 50017—2017 规定钢框架弹性层间位移角不宜超过 1/250，《建筑抗震设计规范》GB 50011—2010 与之相同。行业标准《高层建筑混凝土结构技术规程》JGJ 3—2010 规定弹性计算，风荷载或多遇地震作用下的层间位移角：框架结构不宜大于 1/550，框架-剪力墙、框架-核心筒结构不宜大于 1/800，弹塑性位移角应分别小于 1/50 和 1/100，国家标准《建筑抗震设计规范》GB 50011—2010 与之相同；行业标准《组合结构设计规范》JGJ 138—2016 规定多高层组合结构层间位移应符合现行国家标准《建筑抗震设计规范》GB 50011、现行行业标准《高层建筑混凝土结构技术规程》JGJ 3 的有关规定。考虑到现行国家标准《建筑抗震设计规范》GB 50011 未有对组合结构的详细规定，根据试验结果，规定了本标准的位移限值。大量试验研究表明，PEC 受弯构件和压弯构件受力-变形曲线的特征与纯钢构件相近。这一特征不仅不同于钢筋混凝土构件，也有别于型钢混凝土构件。因为与后者相比，部分包覆钢-混凝土组合构件的主钢件的大部分材料布置在截面外侧，导致承载能力高且塑性变形能力大。因此，对以部分包覆钢-混凝土组合构件作为主要抗侧力构件的框架结构或以钢构件（支撑、剪力墙）与 PEC 构件共同作为抗侧力主体的结构，弹性层间位移角限值应严于钢框架，弹塑性层间位移角限值则可与钢框架一致；以钢筋混凝土剪力墙、钢筋混凝土核心筒与 PEC 框架共同作为抗侧主体的结构，则按钢筋混凝土结构对待，与现行国家标准《建筑抗震设计规范》GB 50011 和现行行业标准《高层建筑混凝土结构技术规程》JGJ 3 一致。

5.3.2 国家标准《钢结构设计标准》GB 50017—2017 规定受弯构件挠度：主梁不宜超过 $l/400$（$l/500$）；其他梁和楼梯梁不宜超过 $l/250$（$l/300$），括弧外对应永久荷载＋可变荷载标准值，括弧内对应可变荷载标准值。国家标准《混凝土结构设计规范》GB 50010—2010（2015 年版）规定：梁跨 $l_0<7$ m 时，屋盖、楼盖及楼梯构件挠度限值不应超过 $l_0/200$（$l_0/250$），梁跨 7 m$\leqslant l_0 \leqslant$9 m 时不应超过为 $l_0/250$（$l_0/300$），梁跨 $l_0>9$ m 时不应超过$l_0/300$（$l_0/400$），括弧内为对挠度有较高要求的构件。现行行业标准《组合结构设计规范》JGJ 138—2016 规定：梁跨 $l_0<7$ m 时，型钢混凝土梁及组合楼板挠度限值（mm）不应超过 $l_0/200$（$l_0/250$），梁跨 7 m$\leqslant l_0 \leqslant$9 m 时不应超过 $l_0/250$（$l_0/300$），梁跨 $l_0>9$ m 时不应超过 $l_0/300$（$l_0/400$），括弧内为对挠度有较高要求的构件，此规定与《混凝土结构设计规范》GB 50010—2010（2015 年版）一致，钢与混凝土组合梁（不分跨度）：主梁不应超过 $l_0/300$（$l_0/400$），次梁不应超过 $l_0/250$（$l_0/300$）。根据以上规定，本标准按构件力学行为最为接近的型钢混凝土梁及组合楼板处理，即按现行行业标准《组合结构设计规范》JGJ 138 的有关规定采用。

5.3.4 本条引用了国家标准《组合结构通用规范》GB 55004—2021 第 4.2.4 条的规定。鉴于行业标准《高层建筑混凝土结构技术规程》JGJ 3—2010 和《高层民用建筑钢结构技术规程》

JGJ 99—2015 都是以 150 m 为高度分界点，而 PEC 结构的刚度介于二者之间，故仍维持此高度分界点不变。

5.4 抗震设计

5.4.1 对于采用部分包覆钢-混凝土组合构件的框架结构、框架-剪力墙结构、框架-核心筒结构的抗震等级的规定与行业标准《组合结构设计规范》JGJ 138—2016 第 4.3.8 条相一致。框架-支撑结构抗震等级按国家标准《建筑抗震设计规范》GB 500011—2010(2016 年版)附录 G 第 G.1.2 条要求采用。框架-剪力墙结构按钢筋混凝土剪力墙和钢板剪力墙区分为两类。

5.4.2 本条所规定的主钢件截面分类要求，包括了本标准第 5.1.5 条中设置连杆后达到宽厚比限值的情况。

5.4.3 结构抗震计算时的阻尼比取值按行业标准《组合结构设计规范》JGJ 138—2016 第 4.3.6 条规定采用。实际工程中存在 PEC 构件与混凝土构件、钢构件共同组成的结构体系的情况，目前尚无充分的分析研究确定其阻尼比的取值；采用本条规定进行设计时由设计人员分析确定。

5.4.4 结构的刚度和重力荷载之比(简称刚重比)主要是控制在风荷载或水平地震作用下，重力荷载产生的二阶效应不致过大，以免引起结构的失稳、倒塌。由于 PEC 框架结构刚度、整体稳定、承载能力等优于钢筋混凝土框架，参考行业标准《高层建筑混凝土结构技术规程》JGJ 3—2010 第 5.4.4 条，以及《高层民用建筑钢结构技术规程》JGJ 99—2015 第 3.2.3 条，刚重比取二者的平均值。

5.4.5 根据本标准第 5.3.1 条部分包覆钢-混凝土组合结构框架小震作用下的容许结构变形相对钢筋混凝土结构框架予以放大的规定，第 1 款、第 2 款参考国家标准《建筑抗震设计规范》GB 50011—2010 第 6.1.4 条对混凝土框架结构和其他结构的规定且进行适当放大，第3款和第4款参照行业标准《高层建筑混凝土结构技术规程》JGJ 3—2010第3.4.10条的规定。

5.5 一般构造

5.5.1 截面分类1、截面分类2属于厚实型主钢件截面，厚实型主钢件截面的板件宽厚比能确保构件在达到塑性极限受弯承载力前不发生局部屈曲，因此可以采用简便的全塑性方法来计算截面承载力。截面高宽比取值范围参照欧洲规范EN 1994-1-1:2004第6.7.3.1(4)制定。本条高宽比的含义为：平行弯曲轴的截面外包尺寸为宽，垂直弯曲轴的截面外包尺寸为高。

5.5.2 截面分类3属于薄柔型主钢件截面，当作为承受轴力为主的组合柱时，宽翼缘截面有良好的受力性能和一定的经济性，高宽比取0.9～1.1的规定是参考加拿大钢结构设计规范CSA S16-09第18.3.1(d)制定的，高宽比的含义同本标准第5.5.1条。为了防止翼缘局部屈曲，应通过连杆来施加约束。对于矩形PEC梁，可以采用非线性方法计算部分塑性的截面受弯承载力。T形PEC梁因有混凝土翼板约束，故受压翼缘不会发生局部屈曲。

对于框架柱，截面高宽比在0.9～4范围内的，可按柱子进行截面设计。对于高宽比大于4的压弯构件，宜按部分包覆钢-混凝土组合剪力墙进行设计，在有试验依据的条件下，可参照本标准关于柱子的设计方法。对轴压柱和支撑构件，因考虑弱轴方向稳定性，故不受本条规定限制。

5.5.3 厚实型主钢件截面都能满足截面塑性发展的要求，故可以采用图5.5.3无连杆的配筋形式。腹板空腔内包覆的混凝土能防止腹板屈曲，避免受压翼缘向腹板侧失稳，因此必须确保截面达到极限破坏前混凝土不会从空腔内崩落，构造上应配置纵筋、箍筋和在腹板上设连接件(栓钉或穿孔钢筋)。国内外试验研究证明，上、下翼缘可不设置栓钉等抗剪件，以方便施工。实际工程中，厚实型主钢件截面也可以采用连杆方式。

5.5.4 由焊接宽翼缘 H 形钢组成的薄柔型主钢件截面，由于薄柔型主钢件截面的翼缘会发生局部屈曲而导致截面塑性发展不充分，如设计要求达到塑性承载力，须采用钢筋连杆或钢板连杆连接上、下翼缘，使其截面满足截面分类 1、截面分类 2 的要求。图 5.5.4-1、图 5.5.4-2 为本标准建议的截面构造和连杆形式。

混凝土保护层厚度是保证 PEC 构件腹部沿钢筋（圆钢）连杆或钢板连杆不出现竖向裂缝的措施之一。考虑到钢板连杆和混凝土的粘结性能较弱，故混凝土保护层厚度取 30 mm。

为保证连杆对混凝土的有效约束，减缓柱翼缘的局部屈曲，连杆与翼缘的焊接有最低强度要求，且需保证连杆间距和截面积要求。本条参考了加拿大钢结构规范 CSA S16-09。

5.5.5 保护层厚度与混凝土结构的耐久性有关，故需要满足现行国家标准《混凝土结构设计规范》GB 50010 的要求。实际工程中，当梁截面宽度较小时，靠近主钢件腹板的内排钢筋与腹板很难满足净距要求，参考欧洲规范 EN 1994-1-1:2004 可予以放宽。净距不满足要求时，需要考虑对粘结力计算的不利影响，采用有效周长。

6 构件设计

6.1 一般规定

6.1.2 本条给出部分包覆钢-混凝土组合构件按全塑性理论计算截面受弯承载力的截面分类适用范围。对符合本标准第5.2.5条规定的截面分类1、截面分类2的构件以及通过设置连杆达到相应截面分类要求的构件(本标准第5.2.5条第4,5款),均适用本条规定。

6.1.3 全塑性受弯承载力计算方法适用于截面分类1和截面分类2的构件,非线性设计方法可适用于三类截面的构件计算。当受压翼缘宽厚比为14时,截面应力分布达到全塑性分布;当受压翼缘宽厚比为20时,截面应力分布满足边缘屈服条件;当宽厚比介于二者之间时,截面应力分布为部分塑性。因此,在其他条件不变的前提下,随着翼缘宽厚比增大,截面受弯承载力降低。鉴于翼缘宽厚比在14~20范围内变化时,截面应力为部分塑性分布,翼缘宽厚与弯矩比的曲线为外凸曲线,为简化计算,可按翼缘宽厚比线性插值求得截面极限受弯承载力。

6.1.4 本条规定参照现行国家标准《钢结构设计标准》GB 50017,对于部分包覆组合梁,一般不宜采用带板托的组合梁。

6.1.5 欧洲规范EN 1994-1-1:2004建议:当采用非开裂分析时,对于截面分类1组合梁,调幅系数不超过40%,截面分类2组合梁调幅系数不超过30%。符合塑性设计要求的截面基本满足截面分类1的要求,且全部满足截面分类2的要求。试验研究表明,腹部包覆的混凝土可以有效地限制主钢件受压区的局部屈曲,使得部分包覆组合梁负弯矩区的塑性发展比普通组合梁更加充分。故本标准取30%的内力调幅系数限值是偏于安全的。

6.1.7 实际工程中，当框架梁支座截面腹部空腔内纵向钢筋和混凝土翼缘板受拉钢筋不能满足受拉钢筋锚固要求时，负弯矩作用下截面受弯承载力计算不能计入受拉钢筋的作用。

6.1.8 本条规定了本章适用的构件范围，包括具有压弯受力特征的框架柱、轴压受力特征的两端铰接柱以及轴压或轴拉受力特征的支撑构件。本章关于框架柱(单向压弯构件、双向压弯构件)的截面承载力计算公式，系基于塑性极限分析推导而来，因此适用于主钢件符合截面分类1和分类2的构件；但当构件内力水平较低(如不足截面承载力设计值的75%)时，也可用于主钢件符合截面分类3的构件。

6.1.9 通常，主钢件配钢率 $\rho_a=6\%\sim15\%$，纵筋配筋率 $\rho_s=0.5\%\sim5\%$，取混凝土强度等级C20～C60，钢材强度等级Q235～Q420，为简化计算，不计纵向钢筋作用，计算钢贡献率在0.333～0.875之间，故取0.3～0.9。钢贡献率计算公式如下：$\delta\approx A_a f_a/(A_a f_a+A_c f_c)=1/[1+A_c f_c/(A_a f_a)]$。

6.1.10 主钢件面积过小，构件不能体现出钢结构强度高延性好的优势，也会对节点施工装配性能带来不利影响；反之，则不能充分利用混凝土达到减少用钢量、节约造价的目的。在参照欧洲规范EN 1994-1-1:2004的基础上作了主钢件配钢率的规定。纵筋配筋率的限值则是参照现行国家标准《混凝土结构设计规范》GB 50010关于柱子最大配筋率的规定而制定的。

6.2 梁设计

Ⅰ 承载力计算

6.2.1 国内外的试验研究表明，矩形PEC梁可以按全塑性理论来计算受弯承载力。基本假定如下：

（1）主钢件与腹部混凝土之间有可靠的连接，相对滑移很小，可忽略不计；

（2）极限状态下混凝土压应力呈矩形分布，达到轴心抗压强度，忽略受拉区混凝土的作用；

（3）主钢件在受拉区或受压区的应力都均匀分布，并达到钢材的抗拉或抗压强度设计值；

（4）主钢件腹部纵向钢筋受拉或受压，钢筋应力达到屈服强度。

分析表明，混凝土矩形应力高度系数 β_1 取值对受弯承载力影响不超过 2%，故取 $\beta_1=1.0$。

6.2.2 完全抗剪连接 T 形 PEC 梁是指主钢件与混凝土翼板之间、主钢件与腹部混凝土之间有可靠的连接，可以保证组合梁的抗弯能力充分发挥。抗剪连接件的数量按计算配置。根据国内外的试验研究，T 形 PEC 梁也可以按全塑性理论来计算抗弯承载力。

在计算正弯矩区塑性承载力时假定：

（1）主钢件与混凝土翼缘板之间、主钢件与腹部混凝土之间有可靠的连接，相对滑移很小，可忽略不计；

（2）极限状态下混凝土压应力呈矩形分布，达到轴心抗压强度，忽略受拉区混凝土的作用；

（3）主钢件在受拉区或受压区的应力都均匀分布，并达到钢材的抗拉或抗压强度设计值；

（4）主钢件腹部下排纵向钢筋均匀受拉，钢筋应力达到屈服强度，忽略上排纵向钢筋的作用。

在计算负弯矩区塑性承载力时假定：

（1）主钢件与混凝土翼缘板之间、主钢件与腹部混凝土之间有可靠的连接，相对滑移很小，可忽略不计；

（2）极限状态下混凝土压应力呈矩形分布，达到轴心抗压强度，并忽略受拉区混凝土的作用；

（3）主钢件在受拉区或受压区的应力都均匀分布，并达到钢材的抗拉或抗压强度设计值；

(4) 极限状态下，主钢件、混凝土翼板内钢筋及主钢件腹部配置在下翼缘附近的钢筋均达到屈服强度，考虑到通常情况下主钢件上腹部的钢筋离中和轴较近，忽略上腹部所配置的钢筋作用。

带压型钢板的混凝土翼板的计算厚度取压型钢板顶面以上混凝土厚度 h_c，见图 5。

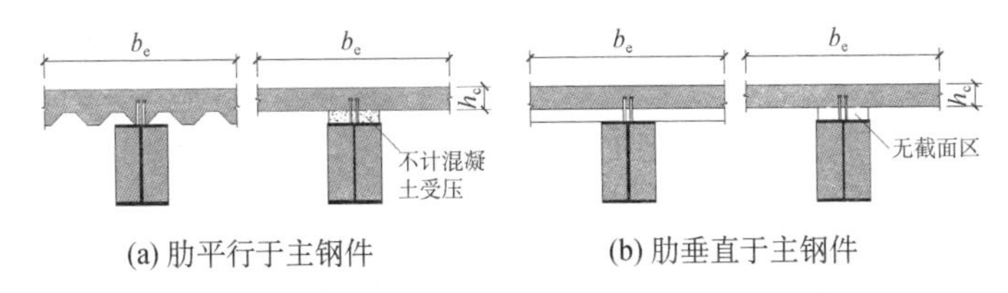

(a) 肋平行于主钢件　　(b) 肋垂直于主钢件

图 5　带压型钢板的 T 形 PEC 梁截面简化示意

6.2.4　对于采用柔性抗剪连接件的部分包覆钢-混凝土组合梁，因连接件具有很好的剪力重分布的能力，故每个剪跨内的连接件可假定为均匀受力。

6.2.5　部分包覆钢-混凝土组合梁在计算纵向剪力 V_s 时，必须考虑腹部纵向钢筋的作用。

6.2.6　由主钢件腹板承担竖向剪力通常都能满足要求，为简化设计，可仅计算主钢件腹板的受剪承载力。当按本条规定不能满足竖向受剪承载力的要求时，参照欧洲规范 EN 1994-1-1:2004 的规定，可计入腹部钢筋混凝土对受剪承载力的贡献。根据欧洲规范 EN 1994-1-1:2004 的建议，可以采用剪力分配法进行设计。总的设计剪力 V_d 可以分解成 V_{ad} 和 V_{csd} 两部分，V_{ad} 由主钢件截面承担，V_{csd} 由腹部的钢筋混凝土截面承担，即须满足：

$$V_{ad} \leqslant V_{au} \tag{1}$$

$$V_{csd} \leqslant V_{csu} \tag{2}$$

式中：V_{au}——主钢件的受剪承载力，按本标准第 6.2.6 条的 V_u 计算；

V_{csu}——主钢件腹部钢筋混凝土构件的受剪承载力，按现行国家标准《混凝土结构设计规范》GB 50010 中的受剪构件进行计算。

V_{ad} 和 V_{csd} 可以按主钢件截面和腹部钢筋混凝土截面受弯承载力的比例进行分配，即

$$V_{ad}=V_{d}\frac{M_{au}}{M_{u}} \tag{3}$$

$$V_{csd}=V_{d}\frac{M_{rcu}}{M_{u}} \tag{4}$$

$$M_{u}=M_{au}+M_{rcu} \tag{5}$$

式中：M_{au}——主钢件截面的塑性受弯承载力，按现行国家标准《钢结构设计标准》GB 50017 计算；

M_{rcu}——腹部钢筋混凝土构件的正截面受弯承载力，按现行国家标准《混凝土结构设计规范》GB 50010 中的受弯构件进行计算。

如果主钢件腹部混凝土中配置了开口箍筋，开口箍筋必须焊接在主钢件腹板上，否则不计其对受剪承载力的贡献。

6.2.7 本条参照欧洲规范 EN 1994-1-1:2004 的规定。对于正弯矩区梁截面，可忽略弯矩和剪力的相互影响；对于负弯矩区梁截面，通过对主钢件腹板强度的折减来计入剪力和弯矩的相互作用。

6.2.8 Olgaard，Sluttr 和 Fisher 在 1971 年经过试验研究和理论分析，对于高度和直径的比值大于 4 的圆柱头焊钉连接件，提出了如下计算公式：

$$N_{v}^{c}=0.5A_{st}\sqrt{E_{c}f_{c}} \tag{6}$$

Olgaard 等人的公式由于形式简单、量纲统一、适用性强（既适用普通混凝土，又适用于轻混凝土），且与试验结果吻合较好，因而被世界各国规范广泛应用。我国规范公式就是在上式的基础上，经可靠度修正后乘以系数 0.85 后得到的。试验表明，公式

(6)的上限值的平均值大约为焊钉连接件的极限抗拉强度($A_{st}f_{at}$),现行行业标准《组合结构设计规范》JGJ 138考虑可靠度后取$0.7A_{st}f_{at}$,是偏于安全的。

位于负弯矩区的焊钉由于受周围混凝土受拉或者开裂的影响,导致其周围混凝土对连接件的约束程度降低,故应对焊钉抗剪承载力予以折减,折减系数取值部位见图6。

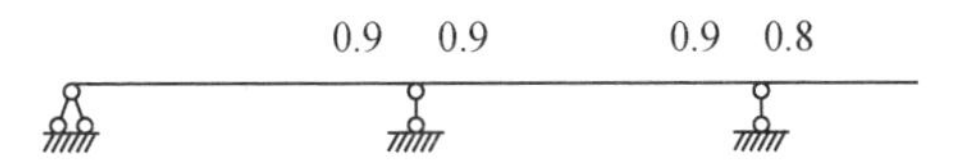

图6 负弯矩区焊钉抗剪承载力折减系数取值示意

6.2.9 试验研究表明,当压型钢板肋垂直于主钢件布置时,公式(6.2.9-2)中的系数按《钢结构设计标准》GB 50017—2017的有关规定取0.85在许多情况下是不安全的,按该公式计算的结果与试验值比较离散性很大。欧洲规范EN 1994-1-1:2004根据对试验结果的计算对比,并通过可靠度分析,对公式的系数进行了折减,并对上限值进行了限制。为了保证焊接质量,采用穿透焊接技术的焊钉连接件,焊钉直径不宜大于20 mm,采用事先在压型钢板上穿孔,然后进行焊接的连接件,焊钉直径不宜大于22 mm。本条规定参照了欧洲规范EN 1994-1-1:2004的相关要求。注意当b_w/h_w不小于1.5时,式(6.2.9-1)中的β_v取1.0,即不必折减。

6.2.10 本条规定适用于柔性连接件。采用焊钉等柔性抗剪连接件的组合梁有很好的剪力重分布能力,因此可以按塑性极限平衡方法在每个剪跨区段内均匀布置连接件,但应注意各区段内混凝土翼板隔离体的平衡。当剪力有较大突变时,考虑到抗剪连接件变形能力的限制,应采用弹性设计方法,在剪力分布大的区段集中布置连接件。

6.2.11 试验研究表明,部分包覆钢-混凝土组合梁可能沿着一个既定的纵向界面发生纵向抗剪破坏,图6.2.11给出了组合梁纵向抗剪最不利界面，a—a 抗剪界面长度为混凝土板厚度；b—b 抗剪界面长度为焊钉外缘尺寸的包络长度；c—c 抗剪界面长度取焊钉顶部外边缘连线长度加上距承托两侧斜边轮廓线的垂线长度；当垂线的垂足在斜边轮廓线顶点之外时，取焊钉顶部外边缘连线长度加上斜边轮廓线顶点至最外侧焊钉顶点的连线长度的2倍，见 d—d 抗剪界面长度。

6.2.12 部分包覆钢-混凝土组合梁纵向抗剪能力主要与混凝土翼板尺寸及其横向钢筋配筋率有关。欧洲规范 EN 1994-1-1：2004 在 Mattock 等人关于混凝土板剪力传递计算理论的基础上，给出了混凝土翼板纵向抗剪强度的计算公式。试验研究表明，混凝土强度对混凝土板的纵向抗剪能力有一定的影响。本条规定参照现行行业标准《组合结构设计规范》JGJ 138，在欧洲规范 EN 1994-1-1：2004 的基础上，计入了混凝土强度对梁纵向抗剪强度的影响。

6.2.13 本条规定给出了梁横向钢筋最小配筋率，目的是防止梁在受力过程中发生纵向剪切破坏。

Ⅱ 挠度验算

6.2.14 本条规定参照现行国家标准《钢结构设计标准》GB 50017，挠度验算属于正常使用极限状态，荷载组合要采用标准值组合和准永久值组合，取两种组合做包络计算，结果偏于安全。计算表明，当翼板混凝土面积占比较大时，可能由准永久组合控制。

6.2.16 本条规定参照现行行业标准《组合结构设计规范》JGJ 138。

6.2.17，6.2.18 本两条规定参照欧洲规范 EN 1994-1-1：2004，等效惯性矩采用未开裂截面和开裂截面的惯性矩平均值计算。大量试算表明，用此等效刚度得到的计算挠度值与试验结果吻合良好且偏于安全。注意计算换算截面惯性矩 I_0 时，可将主钢件腹部混凝土换算为主钢件腹板，换算厚度为 $(b_f-t_w)/\alpha_E$。

胡夏闽等(2007年)对PEC梁挠度计算方法进行了试验及理论研究,比较了换算截面法、欧洲规范EN 1994-1-1:2004方法、折减刚度法1(忽略翼缘间包覆混凝土开裂)和折减刚度法2(计入翼缘间包覆混凝土开裂)这四种计算方法的不同。通过与试验结果比对,发现换算截面法偏于不安全,欧洲规范EN 1994-1-1:2004方法和折减刚度法1与试验结果吻合较好,折减刚度法2偏于安全。

本标准编制组完成了7根PEC梁的试验,其中5根为矩形PEC梁,2根为T形PEC梁。试验数据与计算结果表明,本标准由平均等效折减刚度法得到的计算挠度值与试验结果吻合良好且偏于安全,见表3。

表3 试验实测挠度与理论计算对比

试件形式和编号		荷载	f(mm)	f_1(mm)	误差(%)	统计
矩形组合梁	B1	$0.5P_u$	10.4	9.8	−5.8	误差平均值 −0.032
		$0.7P_u$	15.6	13.8	−11.5	
	B2	$0.5P_u$	6.0	7.5	+25.0	
		$0.7P_u$	10.6	10.5	−0.9	
	B3	$0.5P_u$	6.7	7.3	+8.9	
		$0.7P_u$	10.5	10.2	−2.9	
	B4	$0.5P_u$	10.6	9.7	−8.5	
		$0.7P_u$	15.7	13.6	−13.4	
	B5	$0.5P_u$	10.8	9.7	−10.2	
		$0.7P_u$	15.6	13.6	−12.8	
T形组合梁	B6	$0.5P_u$	7.5	7.7	+2.7	误差平均值 −0.029
		$0.7P_u$	12.0	11.2	−6.7	
	B7	$0.5P_u$	7.6	7.6	0	
		$0.7P_u$	13.0	12.0	−7.7	

注:f为试验实测跨中挠度,f_1为按本标准计算公式得到的跨中挠度。

刚度折减系数(ζ)参照现行国家标准《钢结构设计标准》GB 50017或现行行业标准《组合结构设计规范》JGJ 138的公式计算，对于T形PEC梁，需要计入楼板与翼缘之间的滑移；对于矩形PEC梁，由于不存在翼缘，故可取$\zeta=0$。注意计算换算截面惯性矩I_0时，可将主钢件腹部混凝土换算为主钢件腹板，取厚度为$(b_f-t_w)/\alpha_E$。

对不同跨度、荷载、配钢率(A_a/A)、配筋率(A_s/A)及高跨比(1/15～1/20)的梁，取允许挠度为跨度的1/200进行试算，一般情况下，梁的极限状态由截面受弯承载力控制，挠度不起控制作用。

Ⅲ 裂缝宽度验算

6.2.21 参照现行国家标准《混凝土结构设计规范》GB 50010，普通钢筋混凝土最大裂缝宽度按荷载准永久组合并考虑长期作用影响进行计算。

6.2.22 本条规定在借鉴现行行业标准《组合结构设计规范》JGJ 138规定的基础上，鉴于主钢件受拉翼缘仅内侧与混凝土接触，故受拉翼缘对混凝土裂缝的约束作用应该比型钢混凝土中的钢骨弱，故计算有效周长u时，仅采用主钢件腹板两侧混凝土宽度之和(b_c-t_w)。7根梁的试验表明，用此方法得到的计算结果与试验数据符合较好，理论计算值与试验值对比见表4。

表4 理论计算值与试验值对比(mm)

试件形式和编号		ω_{max}	ω_1	误差(%)	统计
矩形组合梁	B1	0.22	0.24	+9.1	误差平均值 0.026
	B2	0.21	0.18	−14.3	
	B3	0.16	0.16	0	
	B4	0.22	0.24	+9.1	
	B5	0.22	0.24	+9.1	

续表4

试件形式和编号		ω_{max}	ω_1	误差(%)	统计
T形组合梁	B6	0.22	0.24	+9.1	误差平均值0.067
	B7	0.24	0.25	+4.2	

注：ω_{max} 为试验实测最大裂缝宽度，ω_1 为本标准计算公式所得值。

6.2.23 在其他条件相同情况下，翼板的存在会增加力臂高度，减小受拉钢筋的应力。试验结果表明，力臂系数可按 $\gamma_s=1-0.4\sqrt{\alpha_E\rho}/(1+2\gamma'_f)$ 计算，取 $\alpha_E=6\sim8$，$\rho=0.2\%\sim2.0\%$，翼板宽度为主钢件宽度的2倍，翼板厚度为主钢件高度的1/8，得到 $\gamma_s=0.965\sim0.872$，平均值为0.919；翼板宽度为主钢件宽度的6倍，翼板厚度为主钢件高度的1/2，得到 $\gamma_s=0.993\sim0.973$，平均值为0.983；故偏安全取 $\gamma_s=0.92$。

6.2.24 本条参考现行行业标准《组合结构设计规范》JGJ 138，但明确应按荷载效应的准永久组合并考虑长期作用影响，而不是荷载效应的标准组合并考虑长期作用影响，和现行国家标准《混凝土结构设计规范》GB 50010协调一致。

6.2.25 荷载效应准永久组合作用下，可忽略混凝土裂缝影响，近似按弹性分析计算内力，且不计入支座弯矩调幅。求组合截面惯性矩 I_{cr} 时，仅计入翼板内有可靠锚固措施的钢筋。

6.3 柱和支撑设计

Ⅰ 轴心受力构件承载力计算

6.3.2 本条为轴心受拉构件的截面承载力计算要求。由于受拉构件的混凝土强度难以发挥作用，所以轴心受拉构件截面承载力计算时不计钢筋混凝土的抗拉作用，以组成构件截面的钢材毛截面达到屈服强度和钢材净截面达到抗拉强度为承载能力极限状态。本条沿用国家标准《钢结构设计标准》GB 50017—2017第7.1.1条的规定。采用高强度螺栓摩擦型连接的相应部位，可参照纯钢构件在此情况下的计算方法。

6.3.3 本条为轴心受压构件的截面承载力计算要求。焊接普通H形钢部分包覆钢-混凝土组合短柱轴压试验结果表明，柱子在达到极限承载力之前，钢与混凝土能够很好地协同工作，这种组合短柱最终的破坏模式主要是混凝土压碎，横向连杆间翼缘发生局部屈曲。基于叠加原理，建立了部分包覆钢-混凝土组合柱轴压截面承载力计算公式。对比可见，计算结果与试验结果吻合良好，见表5。但当构件端部仅部分连接时，连接部位的强度计算应考虑局部传力的影响，截面承载力设计值可以按直接传力面积的承载力与全截面承载力之比予以折扣。

表5 轴压截面承载力试验值和公式计算值对比

试验数据来源	试件编号	长宽比(l_0/b_f)	正则化长细比	N_u (kN)	N (kN)	N/N_u
Tremblay 1998	C-2	5	0.212	10 033	10 100	1.007
	C-3	5	0.212	9 985	9 690	0.970
	C-4	5	0.212	9 905	9 390	0.948
	C-5	5	0.214	10 291	10 000	0.972
	C-6	5	0.204	8 522	7 650	0.898
	C-7	5	0.211	4 367	4 280	0.980
Tremblay 2002	C-8	5	0.212	18 006	16 470	0.915
	C-9	5	0.212	18 023	16 610	0.922
	C-10	5	0.212	17 965	16 240	0.904
	C-11	5	0.205	15 905	14 930	0.939
	C-12	5	0.212	17 994	17 450	0.970
Tremblay 2003	P-1	5	0.218	4 878	4 770	0.978
	P-2	5	0.218	4 878	4 670	0.957

续表5

试验数据来源	试件编号	长宽比 (l_0/b_f)	正则化长细比	N_u (kN)	N (kN)	N/N_u
Tremblay 2003	P-3	5	0.218	4 878	4 790	0.982
	P-4	5	0.218	4 878	4 975	1.020
	P-5	5.222	0.220	9 235	9 225	0.999
Bergmann 2000	V1	5.172	0.238	6 954	8 867	1.275
Prickett 2006	H1	5	0.192	7 387	7 380	0.999
	H2	5	0.194	7 524	7 570	1.006
	H3	5	0.239	11 388	12 340	1.084
	H4	5	0.237	11 255	11 860	1.054
	H5	5	0.241	11 617	12 390	1.067
	H6	5	0.224	10 034	12 180	1.214
	H7	5	0.229	10 493	11 890	1.133
赵根田 2012	PECC-1	4	0.156	1 922	2 108	1.097
	PECC-2	4	0.151	1792	1 867	1.042
	PECC-3	4	0.159	1 983	2 558	1.290
	PECC-4	4	0.149	1 753	1 688	0.963
	PECC-5	4	0.158	2 119	2 382	1.124
	PECC-6	4	0.159	2 129	2 664	1.251
	PECC-7	4	0.159	2 129	2 559	1.202
	PECC-8	4	0.154	2 148	2 178	1.014
	PECC-9	4	0.166	2 645	3 110	1.176
吴波 2016	FT8-S400-R0	5	0.189	6 788	7 753	1.142
	FT8-S400-R20	5	0.191	6 991	7 850	1.123
	FT8-S400-R33	5	0.191	6 991	7 906	1.131
	FT8-S200-R0	5	0.189	6 849	8 136	1.188
	FT8-S200-R20	5	0.191	6 991	8 200	1.173
	FT8-S200-R33	5	0.191	6 991	8 272	1.183

续表5

试验数据来源	试件编号	长宽比 (l_0/b_f)	正则化长细比	N_u (kN)	N (kN)	N/N_u
吴波 2016	FT8-S120-R33	5	0.191	6 991	8 343	1.193
	FT10-S200-R33	5	0.185	6 906	8 185	1.185
	FT8-S400-R30-E0	5	0.193	7 457	7 134	0.957
	FT8-S200-R30-E0	5	0.198	7 457	7 150	0.959
平均值					1.060	
标准差					0.111	

注：N_u 为根据公式计算得到的极限轴压力；N 为试验极限轴压力；l_0 为试件计算长度。

6.3.4～6.3.7 这四条为轴心受压构件的整体稳定性计算要求。条文中关于稳定系数取值的规定，系根据主钢件为双轴对称单一H形截面(包括轧制、冷成型或焊接钢截面)的轴心受压构件的试验和数值计算结果确定的。参照现行行业标准《组合结构设计规范》JGJ 138，整体稳定计算时按组合截面计算截面回转半径。按组合截面计算的回转半径与纯钢截面的回转半径关系大致为：强轴 $i_x=0.967i_{x钢}$，弱轴 $i_y=1.068i_{y钢}$。计算稳定系数时，采用正则化长细比，公式推导如下：

$$\lambda_n=\sqrt{\frac{N_{uk}}{N_{cr}}}=\sqrt{\frac{f_{ay}A_a+f_{ck}A_c}{\pi^2(E_aI_a+E_cI_c)/l_0^2}}=\frac{l_0}{\pi}\sqrt{\frac{f_{ay}A_a+f_{ck}A_c}{E_aI_a+E_cI_c}}$$

$$=\frac{l_0}{\pi}\sqrt{\frac{(f_{ay}A_a+f_{ck}A_c)/(E_aA_a+E_cA_c)}{(E_aI_a+E_cI_c)/(E_aA_a+E_cA_c)}}=\frac{l_0}{\pi i}\sqrt{\frac{f_{ay}A_a+f_{ck}A_c}{E_aA_a+E_cA_c}}$$

$$=\frac{\lambda}{\pi}\sqrt{\frac{(f_{ay}A_a+f_{ck}A_c)/(A_a+A_c)}{(E_aA_a+E_cA_c)/(A_a+A_c)}}=\frac{\lambda}{\pi}\sqrt{\frac{f_{EQ}}{E_{EQ}}}。$$

式中：f_{EQ}——当量强度，$f_{EQ}=\dfrac{f_{ay}A_a+f_{ck}A_c}{A_a+A_c}$；

E_{EQ}——当量弹性模量，$E_{EQ}=\dfrac{E_aA_a+E_cA_c}{A_a+A_c}$。

通过有限元数值计算结果与试验结果对比，经过参数统计回归得到稳定系数计算公式(6.3.7-1)、公式(6.3.7-2)，公式形式与现行国家标准《钢结构设计标准》GB 50017 规定的相同，但公式分段点及系数 α_1、α_2、α_3 不同。

公式计算结果与绕弱轴失稳的试验结果对比见表 6。因目前收集到的试验数据均只有绕弱轴失稳的结果，表 7 中补充了绕强轴失稳的有限元模型计算数据与本标准中公式的比较。总体而言吻合良好。

表 6　轴压稳定承载力试验值和公式计算值对比(绕弱轴失稳)

试验数据来源	试件编号	长宽比(L_0/b_f)	正则化长细比	稳定系数	N(kN)	N/N_u
Chicoine & Tremblay 2002	CL-1	20	0.845	0.624	7 440	1.165
	CL-2	20	0.845	0.624	5 770	0.902
	CL-3	20	0.844	0.625	6 670	1.047
Pereira 2016	P1	8	0.373	0.941	943	0.894
	P1R	8	0.373	0.941	974	0.924
	P2	8	0.370	0.942	954	0.920
	P2R	8	0.370	0.942	950	0.916
赵根田 2019	PEC1-1	9	0.355	0.947	2 222	1.024
	PEC1-2	9	0.355	0.947	2 835	1.306
	PEC1-3	9	0.355	0.947	2 556	1.178
	PEC1-4	9	0.355	0.947	2 688	1.238
	PEC1-5	9	0.355	0.947	2 555	1.177
	PEC1-6	9	0.355	0.947	2 782	1.282
	PEC2-1	10	0.408	0.920	3 284	1.172
	PEC2-2	10	0.408	0.920	3 255	1.162
	PEC2-3	10	0.408	0.920	3 297	1.177
	PEC2-4	10	0.409	0.920	3 653	1.165

续表6

试验数据来源	试件编号	长宽比(L_0/b_f)	正则化长细比	稳定系数	N (kN)	N/N_u
赵根田 2019	PEC3-1	9	0.364	0.944	2 718	1.034
	PEC3-2	9	0.364	0.944	2 765	1.052
平均值					1.092	
标准差					0.130	

注：1　N_d 为根据公式计算得到的极限轴压力；N 为试验极限轴压力。
　　2　l_0 为试件计算长度；b_f 为 PEC 柱截面宽度。

表 7　轴压稳定有限元计算值和公式计算值对比(绕强轴失稳)

模型编号	截面尺寸 ($b_f \times h_a \times t_f \times t_w$)(mm)	长宽比 (L_0/b_f)	正则化长细比	稳定系数	N_{FEM} (kN)	N_{FEM}/N_u
C-40-e0	150×200×10×8	17.333	0.407	0.910	1 881	1.010
C-50-e0	150×200×10×8	21.333	0.501	0.880	1 835	1.020
C-60-e0	150×200×10×8	29.333	0.690	0.803	1 686	1.026
C-70-e0	150×200×10×8	33.333	0.784	0.755	1 559	1.010
C-80-e0	150×200×10×8	37.333	0.878	0.701	1 452	1.013
C-90-e0	150×200×10×8	42.667	1.003	0.622	1 277	1.003
C-100-e0	150×200×10×8	48.000	1.128	0.544	1 105	0.992
C-110-e0	150×200×10×8	52.000	1.222	0.490	968	0.966
C-120-e0	150×200×10×8	57.333	1.348	0.425	857	0.986
C-130-e0	150×200×10×8	61.333	1.442	0.382	759	0.970
C-40-e0	150×150×10×6	13.500	0.415	0.908	1 523	0.998
C-50-e0	150×150×10×6	16.500	0.508	0.878	1 464	0.993
C-60-e0	150×150×10×6	23.000	0.708	0.794	1 308	0.980
C-70-e0	150×150×10×6	26.000	0.800	0.746	1 221	0.974
C-80-e0	150×150×10×6	29.000	0.892	0.692	1 125	0.968

续表7

模型编号	截面尺寸 ($b_f \times h_a \times t_f \times t_w$)(mm)	长宽比 (L_0/b_f)	正则化长细比	稳定系数	N_{FEM} (kN)	N_{FEM}/N_u
C-90-e0	150×150×10×6	33.000	1.016	0.615	996	0.964
C-100-e0	150×150×10×6	37.000	1.139	0.538	873	0.965
C-110-e0	150×150×10×6	40.500	1.246	0.477	774	0.966
C-120-e0	150×150×10×6	44.500	1.369	0.414	674	0.968
C-130-e0	150×150×10×6	47.500	1.462	0.374	609	0.970
平均值					0.987	
标准差					0.021	

Ⅱ 单向压弯构件承载力计算

6.3.9,6.3.10 截面压弯承载力按极限状态分析得到的 N-M 相关曲线为抛物线形,欧洲规范 EN 1994-1-1:2004 将其简化为三折线形 $abcd$,a 点对应于轴心受压,b 点轴向承载力为 c 点的 2 倍,c 点对应于受弯承载力最大点,d 点对应于纯弯,见图 7。分析表明在大多数情况下 N_m 下方曲线外凸程度不大,即 bcd 所围三角形面积较小。本标准为便于应用并与双向压弯截面承载力计算公式相衔接,将其进一步简化为二折线形 abd。和短柱偏压试验结果比较,公式计算结果偏于安全,见表 8、表 9。

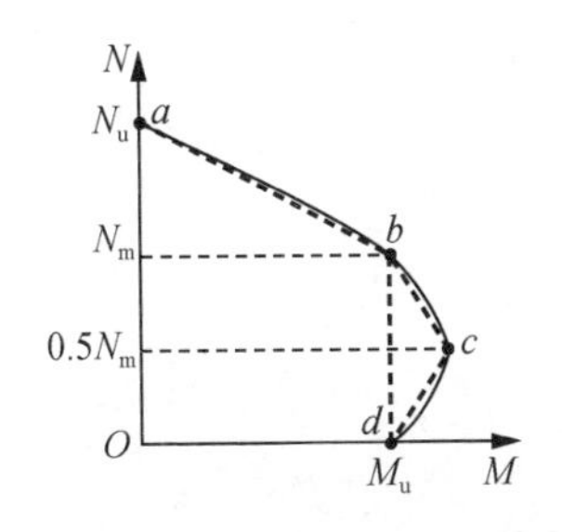

图 7 N-M 相关曲线简化示意

表 8　单向压弯截面承载力试验值和公式计算值对比(绕强轴)

试验数据来源	试件编号	长宽比(l_0/h_a)	正则化长细比	N/N_{mx}	M/M_{ux}	公式(6.3.9-1)计算值	公式(6.3.9-2)计算值
Elnashai 1991	EM01	4.839	0.147	0.710	1.323	1.323	—
	I C01	4.839	0.147	0.710	1.342	1.342	—
	EM02	4.839	0.147	1.421	1.255	—	1.368
	I C02	4.839	0.147	1.421	1.259	—	1.372
Bergmann 2000	V3	5	0.172	3.046	0.955	—	1.505
	V7	5	0.200	2.451	1.085	—	1.526
	V8	5	0.200	4.245	1.880	—	2.865
	V12	5	0.207	2.419	1.144	—	1.560
	V13	5	0.207	2.430	1.149	—	1.568
	V14	5	0.207	4.166	1.970	—	2.898
	V17	5	0.203	2.451	1.133	—	1.566
	V23	5	0.187	2.512	1.015	—	1.477
	V24	5	0.203	2.403	1.111	—	1.529
Bouche 2003	B1-X1	5	0.167	2.853	0.906	—	1.362
	B1-X2	5	0.167	2.804	0.890	—	1.334
	B1-X3	5	0.167	4.185	0.309	—	1.093
	B1-X4	5	0.167	4.372	0.312	—	1.142
	B2-X1	5	0.167	3.003	0.961	—	1.454
	B2-X2	5	0.167	3.137	1.012	—	1.537
	B2-X3	5	0.167	4.581	0.338	—	1.218
	B2-X4	5	0.167	4.582	0.328	—	1.209
赵根田 2008	PECC-1	6	0.201	3.114	0.883	—	1.406
	PECC-2	6	0.200	3.993	0.493	—	1.236
	PECC-3	6	0.202	4.675	0.614	—	1.516
	PECC-4	6	0.194	4.351	0.530	—	1.455

续表8

试验数据来源	试件编号	长宽比 (l_0/h_a)	正则化长细比	N/N_{mx}	M/M_{ux}	公式(6.3.9-1)计算值	公式(6.3.9-2)计算值
赵根田 2008	PECC-5	6	0.194	3.253	0.872	—	1.496
	PECC-6	6	0.190	4.073	0.514	—	1.450
	PECC-7	6	0.192	3.143	0.878	—	1.526
	PECC-8	6	0.191	2.805	1.065	—	1.612
赵根田 2009	PECC-1	4	0.127	3.446	0.889	—	1.672
	PECC-2	4	0.132	3.367	0.952	—	1.534
	PECC-3	4	0.130	3.565	0.919	—	1.626
	PECC-4	4	0.134	3.881	1.073	—	1.789
	PECC-5	6	0.205	0.598	1.228	1.228	—
	PECC-6	6	0.203	0.511	1.531	1.531	—
	PECC-7	6	0.205	0.997	1.452	1.452	—
	PECC-8	6	0.202	0.851	1.742	1.742	—
	PECC-9	6	0.205	0.997	1.481	1.481	—
Kim 2012	C6	3.462	0.180	1.969	0.677	—	0.935
	C7	3.462	0.180	2.665	0.458	—	0.902
Prickett 2006	H8	5	0.205	5.892	0.411	—	1.412
	H9	5	0.209	3.876	1.107	—	1.687
平均值						1.443	1.510
标准差						0.168	0.395

注：表中 N、M 为试验极限轴压力和试验极限弯矩；N_{mx} 和 M_{ux} 按第 6.3.9 条计算，但采用试验实测的钢材屈服强度和混凝土棱柱体轴心抗压强度；l_0 为试件计算长度；h_a 为 PEC 柱截面高度。根据第 6.3.9 条，若 $N < N_{mx}$，即 $N/N_{mx} < 1$，应采用式(6.3.9-1)验算；若 $N > N_{mx}$，即 $N/N_{mx} > 1$，应采用式(6.3.9-2)验算。把试验数据代入设计公式中，若其公式计算值(分别为上表中最后两列)大于1，说明设计公式偏安全。

表 9　单向压弯截面承载力试验值和公式计算值对比(绕弱轴)

试验数据来源	试件编号	长宽比 (l_0/b_f)	正则化长细比	N/N_{my}	M/M_{uy}	公式(6.3.9-1)计算值	公式(6.3.9-2)计算值
Bergmann 2000	V2	5	0.233	4.367	1.413	—	2.383
	V4	5	0.233	2.020	1.307	—	1.601
	V6	5	0.274	3.042	1.306	—	2.051
	V9	5	0.274	3.144	1.350	—	2.132
	V11	5	0.279	2.825	1.363	—	2.103
	V15	5	0.279	1.328	1.281	—	1.414
	V16	5	0.279	2.796	1.348	—	2.077
	V18	5	0.273	1.328	1.225	—	1.353
	V19	5	0.252	1.456	1.113	—	1.264
	V20	5	0.273	1.145	1.056	—	1.113
	V21	5	0.252	1.533	1.172	—	1.347
	V22	5	0.273	1.227	1.132	—	1.220
	V25	5	0.252	1.677	1.282	—	1.505
	V26	5	0.273	1.550	1.430	—	1.644
	V27	5	0.252	1.735	1.326	—	1.568
	V28	5	0.273	1.368	1.262	—	1.406
	V29	5	0.252	1.902	1.454	—	1.751
	V30	5	0.273	1.408	1.299	—	1.458
Bouche 2003	B1-Y1	5	0.201	1.503	0.755	—	1.015
	B1-Y2	5	0.201	1.670	0.839	—	1.185
	B1-Y3	5	0.201	2.184	0.301	—	0.913
	B1-Y4	5	0.201	2.712	0.195	—	1.080
	B2-Y1	5	0.201	1.608	0.876	—	1.190
	B2-Y2	5	0.201	1.661	0.884	—	1.225
	B2-Y3	5	0.201	2.553	0.351	—	1.154
	B2-Y4	5	0.201	2.650	0.364	—	1.217

续表9

试验数据来源	试件编号	长宽比 (l_0/b_f)	正则化长细比	N/N_{my}	M/M_{uy}	公式(6.3.9-1)计算值	公式(6.3.9-2)计算值
Prickett 2006	H8	5	0.238	1.861	0.671	—	1.674
	H9	5	0.244	1.197	1.798	—	2.032
	H10	5	0.245	1.577	0.632	—	1.326
	H11	5	0.245	1.040	1.181	—	1.229
赵根田 2015	PECC-1	5	0.185	1.945	0.910	—	1.304
	PECC-2	5	0.194	2.426	0.894	—	1.370
	PECC-3	5	0.194	2.883	0.923	—	1.463
	PECC-4	5	0.185	1.519	1.057	—	1.273
	PECC-5	5	0.194	1.990	1.093	—	1.423
	PECC-6	5	0.194	2.174	1.003	—	1.340
	PECC-7	5	0.194	1.961	1.146	—	1.421
吴波 2016	FT8-S400-R0-E120	5	0.196	1.725	1.682	—	2.116
	FT8-S400-R30-E120	5	0.194	1.582	1.563	—	1.906
	FT8-S200-R30-E60	5	0.194	2.236	1.112	—	1.839
	FT8-S200-R30-E120	5	0.195	1.712	1.676	—	2.097
	FT8-S120-R30-E120	5	0.195	1.754	1.667	—	2.114
	FT10-S200-R30-E120	5	0.188	1.682	1.650	—	2.052
平均值							1.543
标准差							0.379

注：表中记号含义与表6、表8相同。

由于双向压弯承载力计算需要，本节给出了绕弱轴正截面受弯承载力计算公式。

为简化计算，给出了仅由主钢件腹板受剪的承载力计算公式。如果要计入腹部钢筋混凝土的受剪承载力，可参照第 6.2.6 条的条文说明计算。当柱子承受的剪力大于截面受剪承载力的 50% 时，由于正应力和剪应力共同作用时承载力会下降，故对腹板应力强度予以折减，腹板应力图示见图 8。

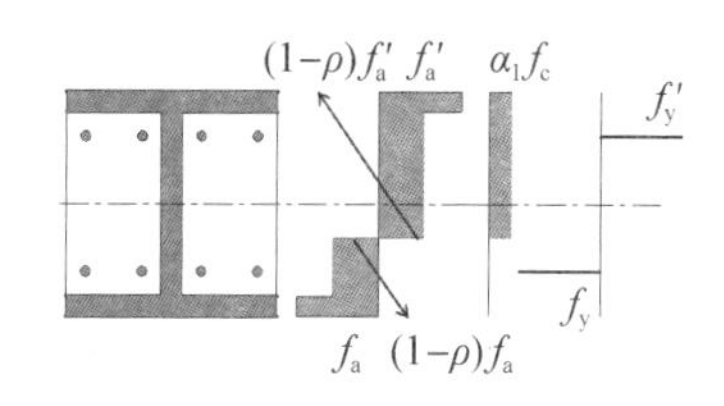

图 8　剪力对压弯承载力的影响示意

6.3.11　对单向压弯构件稳定承载力计算，不同规范采用的方法不尽相同。

1　单向压弯构件平面内稳定承载力计算时，欧洲规范 EN 1994-1-1:2004 采用单项弯矩公式，轴力影响隐含在分母项弯矩中；加拿大钢结构设计规范 CSA S16-09 采用轴力和弯矩相关公式，轴力和弯矩为线性组合；现行团体标准《矩形钢管混凝土结构技术规程》CECS 159 采用国家标准《钢结构设计规范》GB 50017—2003 的计算方法，但在弯矩项前乘以钢贡献率 δ，并限制弯矩不大于正截面受弯承载力；现行行业标准《组合结构设计规范》JGJ 138 参考现行国家标准《混凝土结构设计规范》GB 50010 的设计思路，根据截面达到极限状态时的应力分布，通过轴向力和弯矩的平衡条件，计入偏心距增大系数，联合求解截面压弯承载力。图 9 中比较了这四种规范的计算方法，对比表明加拿大规范最保守（试验数据来自文献 The study of compression-bending behavior of partially encased composite columns (in French) [R]. Rep. No. EPM/GCS—2003-03, Dept. of Civi

Geological and Mining Engineering, Ecole Poly Technique, Montréal, 2003.)。

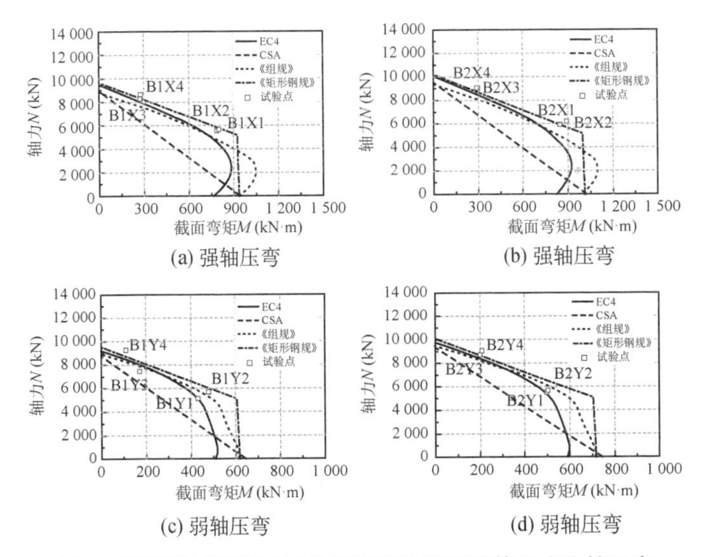

(a) 强轴压弯 (b) 强轴压弯

(c) 弱轴压弯 (d) 弱轴压弯

图 9 不同设计标准采用的压弯整体稳定计算公式比较示意

借鉴现行国家标准《钢结构设计标准》GB 50017 的计算公式的形式，本条提出轴力-弯矩相关计算公式。本标准中的公式与加拿大规范中的公式接近，由试验值与理论值比较可知计算结果偏于安全，见表 10、表 11。

表 10 单向压弯稳定试验值和理论值对比(绕强轴失稳)

试验数据来源	试件编号	长宽比 (l_0/b_f)	正则化长细比	N/N_u	$\beta M/[M_u(1-N/N_{cr})]$	前二者总和
Oh 2006	B1-SP30	12.686	0.448	0.325	0.759	1.084
	B2-SP40	12.686	0.448	0.433	0.787	1.220
陈以一 2008	C1-S	12.5	0.415	0.650	0.309	0.959
	C2-S	12.5	0.415	0.219	1.497	1.716
	C3-S	12.5	0.415	0.223	1.370	1.593

续表10

试验数据来源	试件编号	长宽比 (l_0/b_f)	正则化长细比	N/N_u	$\beta M/[M_u(1-N/N_{cr})]$	前二者总和
赵根田 2009	PECC-5	8	0.266	0.691	1.083	1.774
	PECC-6	8	0.259	0.766	1.051	1.816
方有珍 2011—2014	S11	10	0.292	0.304	1.331	1.635
	S1A	10	0.332	0.238	1.215	1.452
	S1B	10	0.342	0.225	1.179	1.404
	S2A	10	0.301	0.285	1.244	1.529
	S2B	10	0.314	0.263	1.169	1.432
	S3B	11.667	0.368	0.193	1.470	1.663
平均值		1.483		标准差	0.263	

表 11　单向压弯稳定试验值和理论值对比(绕弱轴失稳)

试验数据来源	试件编号	长宽比 (l_0/b_f)	正则化长细比	N/N_u	$\beta M/[M_u(1-N/N_{cr})]$	前二者总和
Bergmann 2000	VL1	18.333	0.923	0.612	1.208	1.821
	VL2	18.333	1.000	0.552	1.053	1.605
Oh 2006	B3-WP30	12.686	0.534	0.373	1.265	1.638
	B4-WP40	12.686	0.533	0.497	1.317	1.814
陈以一 2008	C4-W	12.5	0.510	0.292	1.074	1.366
	C5-W	12.5	0.510	0.295	1.133	1.428
	C6-W	12.5	0.509	0.294	1.074	1.368
方有珍 2011—2014	S1C	10	0.369	0.300	2.019	2.320
	S1CA	10	0.348	0.288	2.045	2.333
	S1CB	10	0.392	0.232	1.861	2.093
陈以一 2017	Y-S200-n0.3	8.75	0.762	0.449	0.712	1.162
	Y-S275-n0.3	8.75	0.763	0.450	0.701	1.151
	Y-S200-n0.5	8.75	0.762	0.779	0.711	1.490

续表11

试验数据来源	试件编号	长宽比(l_0/b_f)	正则化长细比	N/N_u	$\beta M/[M_u(1-N/N_{cr})]$	前二者总和
陈以一2017	Y-S200-n0.3-T	8.75	0.762	0.450	0.685	1.134
	Y-R12-S200-n0.3-H	8.75	0.762	0.450	0.761	1.211
	Y-S200-n0.3-H	8.75	0.762	0.450	0.720	1.170
	Y-R16-S200-n0.3-HR	8.75	0.762	0.450	0.836	1.285
	Y-250-n0.3	8.75	0.762	0.450	0.716	1.165
总平均值		1.531		总标准差		0.398

2 本款的平面外整体稳定公式采用了现行国家标准《钢结构设计标准》GB 50017 的形式。由于目前尚未见到公开发表的单向压弯 PEC 构件平面外稳定试验数据，本标准编制中，对根据平面内压弯试验校准过的有限元模型进行了数值研究。所计算的试件模型在单向压弯平面外具有中等以上长细比，平面内则赋予不同的偏心率，并通过加强平面内的构件端部约束、施加平面外初弯曲等方式，使得试件模型发生平面外整体失稳破坏并成为极限承载力的控制模式。将计算得到的极限状态时的轴力和弯矩代入规程规定的构件平面外整体稳定计算公式[即式(6.3.11-1)]，结果示于表 12。表中 N、M_x 为有限元模型计算所得极限轴压力和极限弯矩；所有计算值(即公式右端项)均大于 1，说明设计公式偏安全；从均值和标准差看，公式的精度也在可接受范围内。

表 12 有限元数值计算结果对规程公式的校核

模型编号	正则化长细比	偏心距 e (mm)	轴力 N (kN)	弯矩 M_x (kN·m)	公式计算值
C-1	0.516	10	1 199.80	12.00	1.038
		50	845.80	42.29	1.169

续表12

模型编号	正则化长细比	偏心距 e (mm)	轴力 N (kN)	弯矩 M_x (kN·m)	公式计算值
C-1	0.516	100	614.80	61.48	1.247
		150	489.45	73.42	1.309
C-2	0.687	10	1 167.00	11.67	1.142
		50	809.67	40.48	1.211
		100	588.70	58.87	1.261
		150	469.05	70.36	1.307
C-3	1.031	10	911.90	9.12	1.211
		50	717.83	35.89	1.324
		100	526.50	52.65	1.312
		150	422.00	63.30	1.324
C-4	1.375	10	679.90	6.80	1.262
		50	555.00	27.75	1.317
		100	439.60	43.96	1.327
		150	362.20	54.33	1.328
平均值					1.256
标准差					0.083

6.3.12 由于极限状态时沿柱高度部分混凝土截面达到塑性，故计算轴压弹性稳定临界力时采用等效抗弯刚度$(EI)_e$，混凝土弹性模量乘以折减系数0.5。

Ⅲ 双向压弯构件承载力计算

6.3.13 双向压弯构件截面承载力相关曲面为空间外凸曲面，见图10(a)。实际工程应用中可简化为空间平面。为了和单向压弯构件受弯承载力曲线协调，包络面由本节公式(6.3.13-1)所示的空间斜平面和公式(6.3.13-2)所示的垂直平面所组成，见图10(b)。当$M_y=0$时，退化为强轴单向压弯截面承载力曲线，当

$M_x=0$ 时，即为弱轴单向压弯截面承载力曲线。试验值和公式计算值对比可知计算公式偏安全，见表 13。

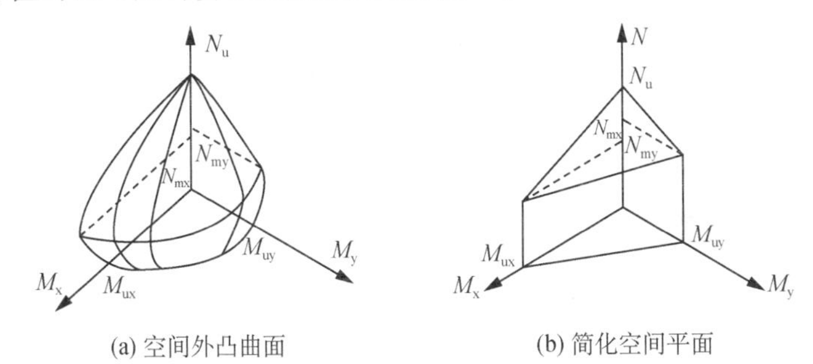

(a) 空间外凸曲面　　(b) 简化空间平面

图 10　双向压弯构件截面受弯承载力 N-M_x-M_y 相关曲线

表 13　双向压弯截面受弯承载力试验值和公式计算值对比

试验数据来源	试件编号	长宽比 (l_0/b_f)	正则化长细比	正则化长细比	公式 (6.3.13-1) 计算值	公式 (6.3.13-2) 计算值
赵根田 2008	PECC-1	4	0.127	0.156	1.593	0.898
	PECC-2	4	0.132	0.163	1.562	0.838
	PECC-3	4	0.129	0.163	2.475	0.916
	PECC-5	4	0.129	0.163	1.982	1.148
	PECC-6	4	0.127	0.156	2.595	1.221
	PECC-7	4	0.132	0.163	1.420	0.782
	PECC-8	4	0.129	0.163	1.527	0.749
	PECC-9	4	0.127	0.156	2.064	0.762
	PECC-10	4	0.132	0.163	1.822	1.078
	PECC-11	4	0.129	0.163	1.859	1.020
	PECC-12	4	0.132	0.156	2.226	1.026
陈以一 2017	B1-R15-S30-0.2	7	0.232	0.299	1.722	1.817
	B2-R15-S60-0.2	7	0.231	0.299	1.868	1.963

续表13

试验数据来源	试件编号	长宽比(l_0/b_f)	正则化长细比	正则化长细比	公式(6.3.13-1)计算值	公式(6.3.13-2)计算值
陈以一2017	B3-R20-S60-0.2	7	0.227	0.288	2.847	2.151
	B4-R25-S60-0.2	7	0.235	0.287	2.784	2.931
	B5-R15-S30-0.4	7	0.232	0.300	2.381	2.100
	B6-R20-S60-0.4	7	0.230	0.291	2.339	2.657

注:表14最后两列为把试验数据代入式(6.3.13-1)、式(6.3.13-2)后的计算值,若其中某一计算值大于1,说明试验承载力高于公式设计值,即设计公式偏安全。

截面的双向受剪承载力计算同样可仅计入主钢件中平行于剪力方向的板件受力而忽略内填混凝土和箍筋的作用,且按两个方向分别验算。但当剪力较大时,如 $V_y>0.5V_{uy}$,腹板设计强度 f_a 需要折减;如 $V_x>0.1V_{ux}$,翼缘板(此时与 V_x 平行)设计强度 f_a 需要折减,取0.1的原因是翼缘板同时兼具抗弯和抗剪作用,正应力和剪应力都较大,屈服强度降低较严重。

6.3.14 欧洲规范EN 1994-1-1:2004采用双向弯矩相关公式的线性组合,轴力影响隐含在分母项的弯矩中;加拿大规范CSA S16-09为轴力及双向弯矩相关公式的线性组合。现行团体标准《矩形钢管混凝土结构技术规程》CECS 159采用轴力和双向弯矩相关公式,其中主要弯矩项乘以钢贡献率予以调整;现行行业标准《组合结构设计规范》JGJ 138参考现行国家标准《混凝土结构设计规范》GB 50010的设计思路,采用叠加原理,在型钢混凝土柱单向偏压承载力计算的基础上,用尼克勤公式得到截面压弯承载力。本条借鉴现行国家标准《钢结构设计标准》GB 50017计算公式的形式,采用轴力和双向弯矩相关公式计算构件整体稳定承载力，平面外弯矩作用项加以简化。目前，尚无关于 PEC 柱双向压弯稳定的试验数据。

6.4 计算及构造

Ⅰ 梁计算及构造

6.4.1 本章节“构造措施”包含了抗震措施和非抗震措施，而抗震措施中包含了抗震构造措施。本条规定借鉴《组合结构设计规范》JGJ 138—2016 第 5.2.2 条，将梁端剪力增大系数做了适当减小。原因是：一方面，梁端包覆混凝土会提高梁正截面受弯承载力，从而增加了所受的剪力，另一方面，受剪设计中没有计入包覆混凝土的抗剪承载力，受剪承载力全部由主钢件腹板提供，而主钢件具有良好的抗剪延性，故予以调低。鉴于“一级抗震等级的框架结构”之重要性，故梁端剪力增大系数未予降低。当梁端无混凝土包覆时，剪力可不做调整。

6.4.2 本条规定参考行业标准《组合结构设计规范》JGJ 138—2016 第 5.5.3 条制定。

6.4.3 PEC 梁箍筋加密的目的是保证整个受力过程中，包覆混凝土不崩落，始终约束住钢翼缘和腹板不发生局部屈曲，并不特别需要混凝土自身的耗能或塑性铰转动，这和钢筋混凝土梁或型钢混凝土梁有很大的区别。此外由于 PEC 梁主钢件翼缘承担大部分弯矩，且主要依靠主钢件腹板抗剪，故 PEC 梁延性优于钢筋混凝土梁或型钢混凝土梁。鉴于截面分类 1、截面分类 2 属于厚实型主钢件，钢翼缘和腹板不会发生局部屈曲，截面塑性能充分转动或达到全截面塑性，因此，在参考国家标准《建筑抗震设计规范》GB 50011—2010（2016 年版）第 6.3.3 条的基础上，降低包覆混凝土的箍筋加密要求，减小了加密区长度、箍筋最大间距及箍筋最小直径的要求。非抗震设计的箍筋和箍筋间距要求主要用于次梁设计。

6.4.4 对于薄柔型截面，当主钢件翼缘宽厚比较大时，连杆是避免其早期失稳，从而保证构件塑性变形能力的重要措施，因此连杆应有必要的承载力，包括与主钢件翼缘的拉接焊缝承载力。公式(6.4.4-1)来源如下：假设翼缘塑性失稳时板件承载力可超过材料屈服强度(取为屈服强度的1.5倍，对应抗震等级为一级、二级的要求)或达到屈服强度(对应抗震等级为三级的要求)，而能否超过或达到屈服强度与翼缘板宽厚比有关，此时防止翼缘板面外失稳的支承力应达翼缘板面内受力的1/60，再假设腹板可分担翼缘板面外支承力的60%，依据以上受力需求推得条文的连杆面积公式。连杆面积公式计算结果仅适用于连杆垂直翼缘板面的情况。但当连杆采用扁钢时，还需满足施焊工艺要求和最小焊缝尺寸及长度要求，并确保最小面积大于本条规定。

连杆的拉接焊缝承载力可按焊缝极限强度计算，故式(6.4.4-2)采用在式(6.4.4-1)左端项乘以系数0.7的方式计算焊缝所需承载力设计值，系数0.7大于焊缝强度设计值与焊缝极限强度的比值(0.38～0.41)，具有必要的安全储备。

6.4.5 主钢件腹板空腔尺寸有限，钢筋太密会影响混凝土浇捣，故限制钢筋排数不大于两排，并控制钢筋间的最小间距。但若钢筋太少，预制时容易产生裂缝，因此规定了最小配筋率。

6.4.7～6.4.8 参照现行国家标准《钢结构设计标准》GB 50017制定了抗剪连接件构造规定。

Ⅱ 柱计算及构造

6.4.10 本条主要内容根据现行行业标准《组合结构设计规范》JGJ 138的有关要求制定。当柱子主钢件为截面分类3时，过大轴压比不利于地震往复作用下的构件局部稳定性，宜使重力荷载作用下柱子的轴心压力标准值不超过主钢件轴力屈服承载力(钢材抗压强度取屈服强度)。

6.4.11 本条主要内容根据现行行业标准《组合结构设计规范》JGJ 138 的有关要求制定。当框架梁采用钢梁时，如柱轴力符合 $N_2 \leqslant \phi N_u$ 时（N_2 为 2 倍地震作用下的组合轴力设计值），不要求进行强柱弱梁计算。

6.4.12 本条规定借鉴行业标准《组合结构设计规范》JGJ 138—2016 第 5.2.2 条，将梁端剪力增大系数作了适当减小。“一级抗震等级的框架结构”的剪力增大系数未予降低。

6.4.13 和 PEC 梁类似，PEC 柱箍筋加密在参考《建筑抗震设计规范》GB 50011—2010（2016 年版）第 6.3.7 条第 2 款的基础上，降低了包覆混凝土的箍筋加密要求，并减小了加密区长度、箍筋最大间距及箍筋最小直径的要求。

6.4.14，6.4.15 主要内容根据行业标准《组合结构设计规范》JGJ 138—2016 第 6.4.1 条的有关要求作了调整，参见条文说明 6.4.3。

6.4.16 钢筋混凝土框架柱保证加密区合理的体积配箍率是为了约束混凝土，提高混凝土变形能力和强度。型钢混凝土柱基于截面内型钢对混凝土有一定的约束作用，已将体积配箍率的要求调低了 15%，即在钢筋混凝土柱体积配箍率的基础上乘以折减系数 0.85。由于 PEC 柱混凝土被主钢件三面包围，薄柔型截面连杆与翼缘牢固焊接，因此混凝土约束条件比型钢混凝土更有利。此外，PEC 柱承载力中混凝土贡献一般不超过 40%，承载力和塑性铰转动能力主要依靠主钢件提供，混凝土主要作用是不崩落，能阻止主钢件翼缘和腹板局部屈曲，故降低了体积配箍率的要求，对箍筋和连杆分别乘以折减系数 0.7 和 0.6，并且降低了连杆连接时的最小体积配箍率限值。

6.4.19 鉴于压弯作用下混凝土易于剥落，故不宜采用无筋包覆混凝土，本条是参考欧洲规范 EN 1994-1-1:2004 提出的。

7 结构节点设计

7.1 一般规定

7.1.1 部分包覆钢-混凝土组合构件的优点之一是，其构件在安装现场可以如同钢结构那样实现装配式连接，优先采用螺栓连接有助于减少工地施焊的质量控制难点、提高安装效率。这一要求需在节点设计阶段予以充分考虑。

7.1.3，7.1.4 节点构造对制作、运输、安装和维护的便捷性与经济性密切关联，应在设计阶段予以充分考虑。本章节点构造主要针对混凝土预制的 PEC 构件，混凝土现浇的 PEC 构件可参考并作相应调整。

7.1.5 局部不采用混凝土包覆的梁在结构整体模型计算时，梁的刚度应按部分包覆组合截面和纯钢截面分别输入。当纯钢段长度不超过总长的 20%时，可按部分包覆组合结构设计，否则宜采用包络设计。

7.2 梁与柱连接

7.2.1 梁柱节点按抗弯性质可区分为铰接节点和刚接节点，二者均可用于框架结构。

部分包覆钢-混凝土组合结构梁柱节点的构造形式与梁柱连接面位于柱子主钢件的翼缘一侧还是腹板一侧有关。梁连接于主钢件腹板一侧时，可以采用铰接节点；当设计为刚接节点时，宜在柱子主钢件腹板上设置竖向板和面板，形成局部双 H 形钢的方式。图 7.2.1-1 和图 7.2.1-2 中表示了用单 H 形钢作为主钢件的框架柱的两种情况。

节点构造涉及柱子纵筋与梁的纵筋在节点区的布置。柱子纵筋应在节点区连续布置，可采用在柱上、下水平加劲肋上打孔贯穿，或通过端部弯折或锚板连接的形式，焊接在节点区上、下水平加劲肋上，实际构造宜结合节点域的空间尺寸予以处理。梁的纵筋不要求一定贯穿节点域，T 形 PEC 梁中楼板内的纵筋可采用钢结构或组合结构中楼板纵筋的处理方法。

当梁端设置端板且采用全螺栓连接时，若螺栓可布置在梁截面轮廓线外侧[图 7.2.1-1(f)、(h)和图 7.2.1-2(h)、(j)]，则梁内纵筋可通长布置到端板，通过直接焊接或加焊锚板焊接等方式锚固在端板上，梁构件的混凝土可全部预制。除这种情况外，一般需在梁上设置钢挡板，梁内纵筋止于挡板位置并锚固在挡板上[图 7.2.1-1(b)、(c)和图 7.2.1-2(e)、(g)、(j)、(k)]。

纵筋未锚固到梁端时，梁端截面承载力略有降低。对铰接梁而言，无须采取其他措施；对刚接梁，当纵筋对梁的抗弯承载力贡献较小时也无须采取其他措施，如纵筋提供的抗弯承载力不能忽视时，可在梁端部区间予以适当加强，如增厚梁端部位主钢件翼缘或腹板厚度(贴板方式)、主钢件翼缘适当放宽、增设纵向加劲肋等，或在梁端截面受弯承载力计算时，不计入纵筋的作用。

当柱子设置短伸臂与梁连接时，柱身节点区间的混凝土可一并预制。其余部位宜在现场完成主钢件连接后用混凝土予以包覆；如不采用现场补浇局部混凝土的措施，则应满足强度和防火防腐的等效处理要求。

当框架柱-梁节点通过端板螺栓连接时，如为多节间框架结构，则构件的制作误差和安装误差较难消除，故钢梁制作时长度应考虑负公差，安装时可用薄钢板作为填板进行调节。

7.2.2 公式(7.2.2-1)系根据理论分析和试验检验得到的简化计算公式，节点区受剪承载力由柱子主钢件腹板的受剪承载力和节点区混凝土的斜压承载力组成，偏安全地略去了横向加劲肋和主钢件翼缘的框架效应对受剪承载力的贡献。公式推导和试验检验可参考传光红等“部分包覆式组合结构框架装配节点静力试验及受剪承载力计算”[《建筑结构学报》,2017,38(8):83-92]。公式(7.2.2-2)系根据类比方法,并参考现行行业标准《高层民用建筑钢结构技术规程》JGJ 99—2015 计入了翼缘的抗剪作用,由公式(7.2.2-1)转化得到的公式。公式(7.2.2-3)、公式(7.2.2-4)考虑了无端部连接板时混凝土约束作用降低,系数从 0.3 减小为 0.1。

7.2.6～7.2.9 这四条规定主要根据国家现行标准《建筑抗震设计规范》GB 50011 和《钢结构设计标准》GB 50017、《组合结构设计规范》JGJ 138 的有关要求制定。本标准未予具体规定或引用的内容如主钢件连接的防断裂措施等,参照相应标准在设计中予以考虑。

7.3 柱竖向拼接

7.3.1 为提高现场安装效率、避免复杂构造处理,应尽量减少柱子现场拼接接头的总量。当柱子需要拼接时,接头宜布置在等截面段内,以降低拼接构造的复杂程度。

7.3.2 本条基于提高装配率、降低现场焊接工作量的考虑,对主钢件推荐使用栓焊连接和全螺栓连接的方式,但根据施工条件等需要,也可使用全焊接连接。

柱子拼接段要求纵筋连续,构造应尽量采取施工性能较好、连接质量易于控制的方式。

一般情况下,应优先采用拼接区段现场补浇筑混凝土的做法。在保证构件刚度、承载力和防护措施满足设计要求的前提下,也可省却现场补浇筑混凝土。

7.3.3 对层高范围内存在反弯点的框架柱,最大内力截面一般在柱端,按本标准第 7.3.1 条要求设置的拼接接头处于弯矩较小的范围内,因此计算连接强度时可按本条第 1 款采用内力设计值。当框架结构整体变形呈现弯曲形特征时,可能出现层高范围内弯矩相差不大的情况，此时计算连接强度时的承载力设计值需按本条第 2 款规定执行。

7.4 梁与梁连接

7.4.1 被拼接梁可以仅完成分段主钢件预制后在现场拼接，并对整梁进行包覆混凝土后浇施工，也可分段完成包覆混凝土预制后再进行现场拼接。本条规定针对组合梁段预制后进行现场拼接的情况。虽然主钢件的连接可以采用全焊接方式，从提高现场装配化程度考虑，本条仅规定了栓焊连接和全螺栓连接两种构造形式。

在拼接接头处，纵向钢筋的锚固，除了设置弯钩焊接于挡板之外，也可设置连接短钢板焊于挡板和腹板上，用于焊接纵筋。也可采用在端板上打孔、钢筋穿过后用螺栓锚固的方式，但其需要加工钢筋端部螺纹，实际上减小了钢筋的有效截面。事实上，由于部分包覆钢-混凝土组合梁中纵筋离截面中和轴较近，纵筋对截面抗弯刚度和承载力的贡献都较小，一般不会超过 10%。故在满足本标准第 7.2.2 条的前提下，拼接截面纵筋不贯通也能满足对构件弯曲刚度和截面受弯承载力的要求。当拼接截面不能避开较大受弯截面时，本条规定并不限制在拼接时将纵筋穿过挡板加以连接，或者在主钢件拼接部位补设短纵筋连接两头挡板的做法。此外，也可将截面受弯承载力计算公式中的纵筋面积取为 0，按此方法计算的截面承载力应满足要求。

7.4.3 本条为主次梁铰接连接的构造和计算。当次梁截面高度不足以布置数量充足的螺栓时，可布置多列螺栓。腹板螺栓限制梁端的完全自由转动，产生一定的约束弯矩，计算连接强度（包括螺栓群强度、连接板与主梁的焊缝强度以及连接板拉剪强度）时，宜计入约束弯矩的作用。当连接上方有混凝土楼板使之连成整体的情况，参照现行行业标准《高层民用建筑钢结构技术规程》JGJ 99 的有关规定执行。

8 楼盖结构设计

8.1 一般规定

8.1.1 叠合楼板和组合楼板均具有省时省工、节省模板、支撑简便、湿作业少等生产建造特点，装配式住宅应优先采用叠合楼板或组合楼板。

8.1.2，8.1.3 参考行业标准《高层建筑混凝土结构技术规程》JGJ 3—2010第11.2.6条、《高层民用建筑钢结构技术规程》JGJ 99—2015第3.3.8条的规定。

8.2 楼盖设计

8.2.3，8.2.4 参考行业标准《高层建筑混凝土结构技术规程》JGJ 3—2010第3.4.6条和第3.4.7条。

8.2.5 参考行业标准《高层建筑混凝土结构技术规程》JGJ 3—2010第4.3.14条。

8.2.6 参考国家标准《混凝土结构设计规范》GB 50010—2010（2015年版）中第8.2.1条，一类环境板的混凝土保护层最小厚度为15 mm，预应力筋保护层厚度适当增加。

8.2.8 本条对厨房、卫生间等有水房间的防渗漏进行了规定。为避免水蒸气透过墙体或顶棚，使隔壁房间或住户受潮气影响，导致诸如墙体发霉、破坏装修效果（壁纸脱落、发霉，涂料层起鼓、粉化，地板变形等）等情况发生，除要求所有卫生间、浴室墙、地面做防水层，墙面、顶棚均做防潮处理外，结合钢结构的特性，结构竖向预制构件与楼板的连接处易形成冷缝，为保证连接处结构的密实整体性,凡有竖向构件的有水房间,可在楼板内、PEC 柱周边设置止水钢板或者遇水膨胀止水条,结构楼板施工后,裸露的钢结构仍应采用混凝土进行包覆(图 11),减少冷缝的危害、渗漏的可能性。

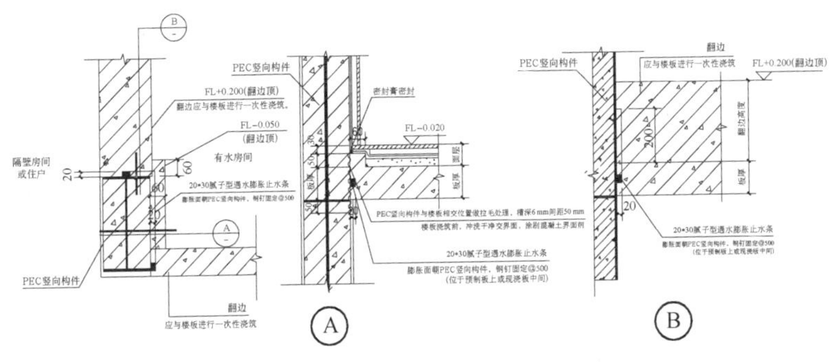

图 11　有水房间的防水构造做法

8.3　楼盖构造

8.3.1　竖向构件和楼板之间可靠连接可采用下列措施:

1　无支撑水平接缝长度不大于 800 mm 的情况,可采用楼板钢筋补强处理。但在施工阶段,应在接缝位置设置可靠支撑。

2　竖向构件中预留水平穿筋孔,在现场施工阶段,楼板钢筋穿过预留孔,钢筋锚固长度满足有关规范的要求,保证竖向构件与楼板之间的整体性。

3　竖向构件中预留外伸钢筋,钢筋锚固长度满足有关规范的要求,在现场施工阶段与楼板钢筋绑扎搭接后整体浇筑,保证竖向构件与楼板之间的整体性。

4　在竖向构件上设置其他可靠的支撑,例如托板、角钢等连接件搁置楼板,搁置长度应满足相关规范的要求。

8.3.3　当采用现浇楼板时,部分包覆钢-混凝土组合梁后浇节点可与楼板采用簸箕口一次性浇筑。当采用预制混凝土叠合楼板、压型钢板组合楼板、钢筋桁架楼承板或其他类型的装配式楼板时，可在梁边预留浇筑孔或在钢梁翼缘预设浇筑孔进行后浇节点浇筑。当楼板和后浇节点一起浇筑时，部分包覆组合梁的混凝土强度等级宜与楼板相同。当采用簸箕口进行浇筑时，混凝土要充分振捣，保证后浇筑节点浇筑密实。浇筑完成后的料斗口若影响建筑功能，可选择将料斗口凿除，凿除时应注意不能影响主体结构。

9 围护系统设计

9.1 一般规定

9.1.3 本条规定了围护系统设计应包含的主要内容。建议外围护系统设计在满足安全性、功能性和耐久性等性能要求同时，应考虑外围护系统的标准化，兼顾其经济性，还应考虑外墙板及屋面板的制作工艺、运输及施工安装的可行性，因此着重尺寸规格、轴线分布、门窗位置和洞口尺寸等外墙板及屋面板的模数协调。

此外，预制外墙板之间干式连接接缝的水密性能设计应满足建筑功能要求。有防水密封要求的外墙板，应对其水密性能按现行国家标准《建筑幕墙气密、水密、抗风压性能检测方法》GB/T 15227 的规定进行检测；进行水密性能检测的外挂墙板试件应至少包含一个与实际工程相符的典型十字缝，并有一个完整墙板单元的四边形成与实际工程相同的接缝。

屋面围护系统与主体结构、屋架与屋面板的支承要求，以及屋面上放置重物的加强措施应满足结构性能要求，伸出屋面的PEC组合结构柱应加强防水构造措施，并应符合国家现行有关标准的规定。对于伸出屋面的PEC组合柱四周应采用钢筋混凝土包覆500 mm高，且应在保温层和防水层施工前安设完毕。屋面保温层和防水层完工后，不得进行凿孔、打洞或重物冲击等有损屋面的作业。出屋面的屋面PEC组合柱四周包覆后的根部部位，应设置卷材或涂膜附加层，卷材收头应用金属箍紧固和密封材料封严，涂膜收头应用防水涂料多遍涂刷。

9.1.6 主体结构与预制外墙之间采用干式连接时，宜进行相关变形计算并校核缝宽尺寸，接缝宽度应适应结构变形和温度变形的要求；当采用现浇连接时，应对接缝处的变形协调提出设计要求。

9.1.7 装配式部分包覆钢-混凝土组合结构建筑中的外墙系统当采用幕墙体系时，应符合国家、行业和本市现行有关标准的规定；当采用非幕墙体系时，设计应根据不同的建筑类型及结构形式进行系统选型。

目前，对于非幕墙体系的预制外墙系统，主要的连接方式为内嵌式、外挂式和嵌挂结合式三种，设计施工时应根据外墙板的特点合理选择连接方式。

9.1.8 外墙板接缝、阳台板与空调板等与主体结构连接位置是围护结构明显热桥部位，热损耗突出。界面温度时常低于临界温度，结露、发霉现象时有发生，设计时可优先从结构上进行热断桥处理，提升居住性能与建筑品质。

9.1.10 当外墙填充墙与柱翼缘连接时，连接位置可按图 12 设置混凝土构造柱，填充墙与混凝土构造柱进行可靠拉结，构造柱与上下钢梁进行可靠连接。

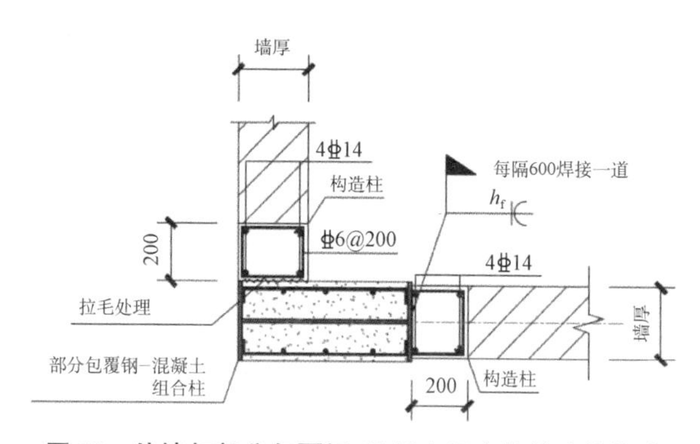

图 12 外墙与部分包覆钢-混凝土组合柱的连接构造

9.1.13 当无法保证外挂墙板与内嵌墙板组合构造系统同时满足主体结构连接要求和建筑性能要求时，在整体满足设计条件的前提下，可选择外挂墙板系统同时满足主体结构连接要求和建筑性能要求，而内嵌墙板满足内隔墙设计要求即可；也可选择内嵌墙板系统同时满足主体结构连接要求和建筑性能要求，而外挂墙板满足外墙装饰挂板设计要求即可。

9.2 预制外墙设计

9.2.1 考虑到外围护系统中预制外挂围护系统的复杂性与特殊性，本章节仅针对预制外挂墙体的外围护系统与主体结构连接构造设计提供相关技术标准。其他围护系统符合国家、行业和本市现行有关标准的规定即可。

外挂墙板及其连接节点的结构分析、承载力计算、变形和裂缝验算及构造要求除应符合本标准的规定外，尚应符合现行国家标准《混凝土结构设计规范》GB 50010、《钢结构设计标准》GB 50017、《建筑抗震设计规范》GB 50011、《装配式混凝土建筑技术标准》GB/T 51231 和现行行业标准《装配式混凝土结构技术规程》JGJ 1 的有关规定。

外墙挂板与主体结构连接节点的位移原理及选型原则可参考表 14，系统的选择与板幅、板的高宽比、结构弹性层间位移限值均有关。

表 14 外墙与主体结构连接节点选型

序号	位移方式	位移简图	适用系统	适用条件
1	平移	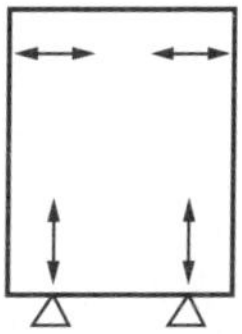	整间板	板宽大于板高
2	转动	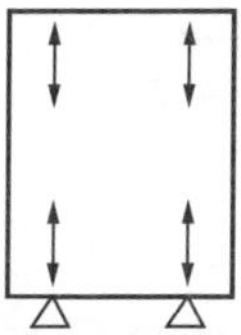	① 整间板 ② 竖条板	板宽小于或等于板高

续表14

序号	位移方式	位移简图	适用系统	适用条件
3	平移+转动		整间板	通用
4	锁定		① 整间板 ② 竖条板	通用

注：△—自重支点；↕、↔—滚轴；○—销轴

外挂墙墙板连接节点处有变形能力要求时，宜在节点连接件或主体结构预埋件接触面上涂刷聚四氟乙烯，也可在节点连接件和主体结构预埋件之间设置滑移移垫片，滑移垫片采用聚四氟乙烯板或不锈钢板。

9.2.6 预制外挂墙板与楼地面连接时，其构造形式可参照图13。

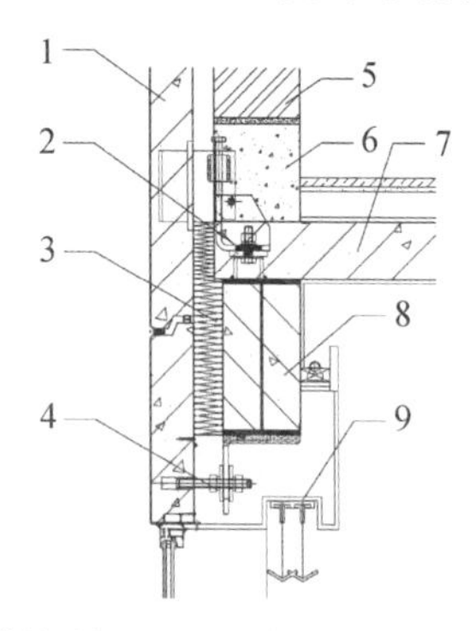

1—预制钢筋混凝土外挂墙板；2—下挂件组；3—防火岩棉封堵兼外墙保温；4—上挂件组；5—内嵌隔墙；6—素混凝土；7—楼板；8—组合结构梁；9—吊顶

图13 外挂墙板与主体结构连接构造示意

10 结构防火与防腐

10.1 防火保护

10.1.1 现行国家标准《建筑设计防火规范》GB 50016对不同耐火等级的建筑中的结构构件的设计耐火极限进行了规定。在进行构件保护设计时，可同时参照现行国家标准《建筑钢结构防火技术规范》GB 51249第3.1节，确定部分包覆钢-混凝土组合构件的防火设计要求。

10.1.2 进行构件防火设计分析时，火灾升温曲线可以参照现行国家标准《建筑钢结构防火技术规范》GB 51249第6.1节确定。

可以采用有限元方法计算部分包覆钢-混凝土组合构件在火灾下的温度分布，也可以参照现行国家标准《建筑钢结构防火技术规范》GB 51249第6.2节的方法计算标准升温条件下构件截面中型钢部分的温度，在计算型钢部分的温度时，把外包的混凝土与防火保护均作为型钢的防火保护层考虑，构件截面中钢筋混凝土部分温度可以参照钢筋混凝土构件在标准升温条件下截面温度分布查表得到，具体可以参照广东省标准《建筑混凝土结构耐火设计技术规程》DBJ/T 15—81第3.3节及附录B。

高温下钢材、混凝土的材料特性可以参照现行国家标准《建筑钢结构防火技术规范》GB 51249第5章的规定确定。

火灾下部分包覆钢-混凝土组合构件的承载力根据以下步骤得到：

1 根据主钢件部分的温度，确定高温下型钢钢材的设计强度。

2 根据混凝土部分的温度分布，确定各部分混凝土与钢筋在高温下的力学特性参数。

3 采用高温下的材料特性参数，按照现行国家标准《建筑钢结构防火技术规范》GB 51249 第 5.2 条、第 6.2～6.5 条的相关条文，计算高温下构件的承载力。

10.1.3～10.1.4 部分包覆钢-混凝土组合构件主钢件的腹板一般都被混凝土包裹，翼缘的内侧表面也有混凝土包裹，只有翼缘外侧表面和翼缘厚度方向的侧面暴露，编制组对采取不同防火包裹方式的部分包覆钢-混凝土组合构件进行了 ISO 834 标准火灾条件下的构件升温试验研究，试件的翼缘外表面分别采用防火涂料或 50 mm 加气混凝土块进行保护，由于翼缘厚度方向侧面尺寸很小，故对不同的试件分别采用防火涂料（翼缘外表面均采用防火涂料时）、钢丝网水泥砂浆或厚度方向无防火保护三种方式，试件的截面如图 13 中试件 1 至试件 4 所示。试验结果表明，主钢件裸露部分被完全包裹（不论是采用防火涂料，还是加气混凝土块或砂浆）的部分包覆钢-混凝土组合试件（试件 1，2，4），受火 3.0 h 后，试件 1 和试件 2 的主钢件截面最高温度均小于 550℃，受火 2.0 h 后，试件 4 的主钢件截面最高温度小于 550℃。在 550℃时，结构钢的设计强度为常温下的 58%。而此时构件截面绝大部分区域的温度实际上远小于 550℃，因此，此时构件的承载力一般大于火灾时构件的偶然工况组合效应，满足抗火承载力要求，但具体的保护层厚度需要通过分析设计确定。当部分包覆钢-混凝土组合构件主钢件翼缘厚度方向的裸露部分不进行防火保护时（试件 3），在受火 2.0 h 后，主钢件翼缘的温度就超过了 750℃，此时，结构钢的设计强度小于常温下的 15%，受火 3.0 h 后，主钢件截面大部分区域的温度就超过了 900℃，此时结构钢的设计强度只有常温下的 5%左右，基本不能满足火灾下的承载要求。

因此，部分包覆钢-混凝土组合构件主钢件裸露部分必须完全用防火保护材料包裹，对于翼缘厚度方向的侧面保护，可以在混凝土包覆时，将混凝土延伸至翼缘厚度方向，将翼缘厚度部分包裹，也可以结合混凝土表面的砂浆粉刷层将翼缘厚度方向的侧面包裹，并通过验算分析确定保护层的厚度。

编制组还对一根跨度 4.5 m 部分包覆钢-混凝土组合梁进行了耐火性能测试。试验梁截面如图 13 中试件 5 所示，除梁顶面不受火未进行保护外，梁的主钢件其他裸露部分都进行了防火保护，完成了恒载升温试验。火灾试验时作用在梁上的荷载水平为常温下设计受弯承载力的 70%，按 ISO 834 标准升温曲线受火 2.0 h 后，试验梁保持稳定，挠度小于限值，说明试验梁的耐火时间能达到 2.0 h，验证了该类防火保护措施的可行性。

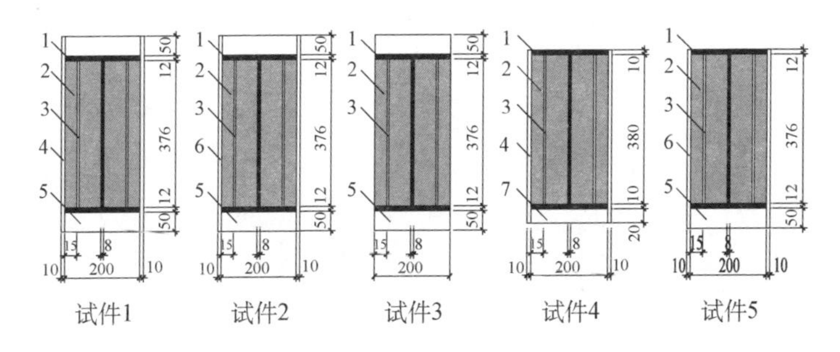

试件 1、试件 2、试件 3—柱截面，四面受火；
试件 4、试件 5—梁截面，三面受火，顶面不受火；
1—主钢件；2—包覆混凝土；3—钢板连杆；4—砂浆；5—加气混凝土；
6—钢丝网砂浆；7—厚型防火涂料

图 14　部分包覆钢-混凝土组合构件截面升温试验及足尺梁耐火性能试验的试件截面示意

10.1.5　这些性能参数为进行结构抗火分析验算时所需的参数。

10.2　防腐保护

10.2.3　外露的主钢件表面除锈等级应满足设计要求。当设计无要求时，裹入混凝土内的主钢件表面可不作处理。

11　制作安装

11.1　一般规定

11.1.4　部分包覆钢-混凝土组合构件加工时需与设备和建筑专业进行管线预埋的复核，开孔及预埋应在工厂完成，避免现场对构件的二次开槽切割。

11.2　制　作

11.2.3　部分包覆钢-混凝土组合构件中的混凝土可采取工厂或现场专用场地预制的方式，也可采取主钢件安装后现场支模浇筑的方式。基于提高工业化程度、取得总体最优效益的考虑，推荐采用预制方式，并宜优先选用型钢作为主钢件。当混凝土在现场浇筑时，现场的预制场地应满足构件堆放、构件浇筑的要求，并具有专业的制作和管理人员，配备专业的加工制作机具及措施。

11.2.4～11.2.5　采用在腹板开孔方式对腹板两侧同时进行浇筑的方法时，应按板件开洞后的净截面进行构件验算。当采用本条文内容进行腹板开浇筑孔设计时可不采取额外措施对腹板进行补强或补充局部板件验算。主钢件腹板上开设的混凝土浇筑孔径可参照如下：

(1) 当主钢件腹板高度为 300 mm 时，孔径不宜大于 120 mm。

(2) 当主钢件腹板高度为 350 mm 时，孔径不宜大于 150 mm。

(3) 当主钢件腹板高度为 400 mm 时，孔径不宜大于 180 mm。

11.2.6　部分包覆钢-混凝土组合构件连杆弯折部位焊缝宜圆滑过渡。

11.2.10 采用轻质混凝土的部分包覆钢-混凝土组合构件，如设计无要求，则构件脱模、起吊、翻转、出厂时的混凝土强度等级不应低于设计强度等级的75%。此外在浇筑混凝土时，建议在混凝土初凝即将完成时，再进行一次抹面。如果采用翻面二次浇筑，要保证第一次浇筑的混凝土有足够的强度。

11.3 安　装

11.3.1 部分包覆钢-混凝土组合构件的安装可参照钢结构的安装方法，应满足相关规范要求。

11.3.3 部分包覆钢-混凝土组合构件的安装应进行变形验算和裂缝宽度，保证预制混凝土部分不因吊装发生开裂等风险，从而验证吊装方案是否合理。

11.3.6 连接区域后浇混凝土之前，无混凝土包覆截面仅计主钢件承重，施工验算时主钢件的正应力不宜大于$0.4f_y$。

12 施工质量验收

12.1 一般规定

12.1.1 部分包覆钢-混凝土组合结构应按型钢混凝土结构子分部工程验收，除应符合本规范外，尚应符合现行国家标准《混凝土结构工程施工质量验收规范》GB 50204 和现行行业标准《装配式混凝土结构技术规程》JGJ 1 的有关规定。

12.1.9 本条对部分包覆钢-混凝土组合结构验收合格后，做好验收记录和资料存档备案作了规定，该项工作是今后工程档案所需的重要内容之一。

12.2 构件验收

12.2.1 本条提出了部分包覆钢-混凝土组合结构工程验收时需要提供的文件、报告和资料，是反映装配施工、过程管理和工程质量的重要依据。需要重点检查部分包覆钢-混凝土组合结构构件的出厂合格证，钢板、钢筋原材料检测报告（第三方检测），焊缝探伤报告（第三方检测）、所用混凝土的全套资料（第三方检测）等资料。

12.2.5 部分包覆钢-混凝土组合构件的外观质量不应有一般缺陷，外观质量检查包括以下内容：

表 15　外观质量检查项目

检查项目	检测方法及要求
部分包覆组合构件	表面干净、无明显疤痕、泥沙和污垢
焊缝外观质量	GB 50205 第 5.2.7 条
防腐、防火涂层表面	GB 50205 第 12.2.7 条、第 12.2.8 条
防火涂层表面	GB 50205 第 13.4.4 条、第 12.4.6 条

13 运营维护

13.1 一般规定

13.1.1 建筑的设计条件、使用性质及使用环境，是建筑设计、施工、验收、使用与维护的基本前提，尤其是建筑装饰装修荷载和使用荷载的改变，对建筑结构的安全性有直接影响。相关内容也是《建筑使用说明书》的编制基础。

13.1.2 本条内容主要是为保证部分包覆钢-混凝土组合结构建筑的主体功能性、安全性和耐久性，为业主或使用者提供方便的要求。

鉴于部分包覆钢-混凝土组合结构建筑的特点，应特别说明在使用过程尤其是装修改造中的注意点，防止出现影响建筑防水、主体结构安全等问题。

13.1.3 在条件允许时，宜将建筑信息化手段用于建筑全寿命周期使用与维护。

13.2 主体结构的使用与维护

13.2.1 设计条件、使用性质及使用环境是贯穿装配式部分包覆钢-混凝土组合结构建筑设计、施工、验收与使用的前提，国内外钢结构建筑的使用经验表明，在正常维护和室内环境下，主体结构在设计工作年限内一般不存在耐久性问题。但是，破坏建筑保温、外围护防水等导致的钢结构结露、渗水受潮，以及改变和损坏防火、防腐保护等，将加剧钢结构的腐蚀，直接影响建筑功能与安全性，因此应对结构进行必要的检查与维护。

(1) 装配式部分包覆钢-混凝土组合结构的腐蚀与防腐检查分为定期检查和特殊检查，定期检查项目、内容和周期应符合表16的规定，特殊检查的检查项目和内容可根据具体情况确定，或选择定期检查项目中的一项或几项。

表16 检查项目、内容及周期

检查项目	检查内容	检查周期(a)
防腐保护层外观检查	涂层破损情况	1
防腐蚀保护层腐蚀性能检查	鼓泡、剥落、锈蚀	5
腐蚀量检查	测定钢结构壁厚	5

(2) 对其余主要部品部件、材料，产品供应商应提供产品维护说明书，并注明检查与使用维护年限。

13.2.2 建筑使用条件、使用性质及使用环境与主体结构设计工作年限内的安全性、适用性和耐久性密切相关，不得擅自改变。如确因实际需要作出改变时，应按有关规定对建筑进行评估。

13.2.4 为确保主体结构的可靠性，在建筑二次装修、改造和整个建筑的使用过程中，不应对部分包覆钢-混凝土组合结构采取焊接、切割、开孔等损伤主体结构的行为。

13.2.6 国内外部分包覆钢-混凝土组合结构建筑的使用经验表明，在正常维护和室内环境下，主体结构在设计工作年限内一般不存在耐久性问题。

13.3 围护系统及设备管线的使用与维护

13.3.1 外围护系统的检查与维护，既是保证围护系统本身和建筑功能的需要，也是防止围护系统破坏引起部分包覆钢-混凝土组合结构腐蚀问题的要求。物业服务企业发现围护系统有渗水现象时，应及时修理，并确保修理后原位置的水密性能满足相关要求。密封材料如密封胶等的耐久性问题，应尤其关注。

在建筑室内装饰装修和使用中，严禁对围护系统的切割、开槽、开洞等损伤行为，不得破坏其保温和防水做法，在外围护系统的检查与维护中应重点关注。

13.3.2 地震或火灾后，对外围护系统应进行全面检查，必要时应提交房屋质量检测机构进行评估，并采取相应的措施。有台风灾害的地区，当强台风灾害后，也应进行外围护系统检查。

13.3.4 自行装修的管线敷设宜采用与主体结构和围护系统分离的模式，尽量避免墙体的开槽、切割。